KB078839

전자기초 _{실기} _{실습}

우상득 · 김충식 공저

일진사

머리말

최근 전기와 전자 산업 분야는 매우 빠르게 변화하여 3차 산업을 넘어 4차 산업으로 변화하고 있다. 전기 회로 영역은 산업의 급속한 변화 속에서도 그 중요성을 인정받고 있으며, 이에 따라 전자와 융합하는 산업 구조로 변모하고 있어서 4차 산업의 주력 교과목으로 등장하게 되었다.

본 교재는 전기 회로 / 전자 회로 / 디지털 논리 회로 과목을 융·복합한 교재로서 비전공자의 자격증을 취득하고자 하는 분들을 위해 전기와 전자 분야의 실험 실습을 위한 교재로 집필하였다.

산업 현장에서 전기·전자 직무를 수행하는 데 반드시 필요한 핵심적인 지식과 기술을 습득할 수 있도록 하였으며, 전기·전자를 전공하지 않은 일반인들이 쉽게 접근하여 스스로 체계적인 학습을 통해 현장에서 응용할 수 있고, 직무 수행에 필요한 기술적·창의적 문제 해결 능력을 기를 수 있도록 하였다.

이 책은 다음과 같은 특징으로 구성하였다.

1. 회로 소자의 종류와 특징

현장에서 반드시 필요로 하는 회로 소자와 소자 기호 등을 망라하여 상세하게 다룸으로써 현장 적응력을 기를 수 있도록 이론을 정립함과 아울러 실습 과제를 제시함으로써 학습한 내용을 주도적으로 확인하여 실력을 함양할 수 있도록 하였다.

2. 측정기 사용법

기본적인 계측기 사용법을 상세하게 다룸으로써 현장 적응력을 기를 수 있도록 이론을 정립하고 실습 과제를 수록하여 줌으로써 학습한 내용을 스스로 확인하여 실력을 키울 수 있도록 하였다.

3. 정류 회로

정류 회로 전반에 걸쳐 트랜스포머의 원리에서부터 정류 회로의 모든 것과 평활 회로의 설계를 넘어 전원 안정화 회로를 지나 스위칭 회로까지 완벽한 정류 회로를 설계함으로써 현장 적응력을 기를 수 있도록 하였으며, 실습 과제에 실제 부품값을 제시하였다.

4. 직류 회로

직류 회로를 구성할 수 있는 소자들의 계산법과 이의 응용 방법을 제시함으로써 현장 적응력을 기를 수 있도록 하였고, 실습 과제를 통해 기본 원리와 기술을 습득할 수 있도록 하였다.

5. 교류 회로

교류 회로의 원리를 해석하고 회로를 구성할 수 있는 지식을 가지게 함으로써 현장 적응력을 기를 수 있도록 이론을 정립함과 동시에 실습 과제를 통해 스스로 학습이 가능하게 하였다.

6. 연산 증폭기

이상적인 연산 증폭기의 동작 원리를 알고 연산 증폭기를 제작함으로써 현장 적응력을 기를 수 있도록 하였으며, 실습 과제를 통해 학습한 내용을 주도적으로 확인할 수 있도록 하였다.

7. 디지털 논리 회로

디지털 논리 회로 단원에서는 기본적으로 4차 산업을 이끌고 가는 하드웨어 분야에서 IC를 다루는 데 반드시 필요한 지식과 논리 회로를 설계할 수 있는 능력을 갖도록 기초적인 단원에서 전문적인 단원까지 폭넓게 다루었으며, 이와 관련된 실습 과제를 수록하였다.

끝으로 본 교재로 학습하는 학생들에게 많은 성과와 발전이 있기를 바라며, 이 책을 출간하기까지 많은 도움을 주신 선생님들과 도서출판 **일진사** 직원 여러분께 깊은 감사의 인사를 드린다.

저자 일동

CHAPTER

2 측정기 사용법

CHAPTER

3 정류 회로

CHAPTER | 연산 증폭기

CHAPTER 7 디지털 논리 회로

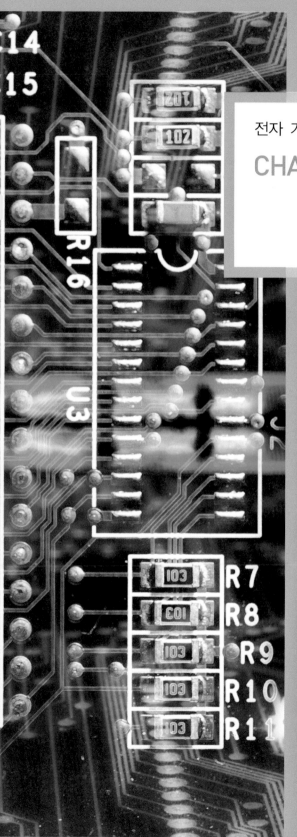

전자 기초 실기/실습

CHAPTER

01

회로 소자의 종류와 특징

1 ●─ 저항기

저항기는 전기 회로에서 뿐만 아니라 전자 회로, 디지털 논리 회로, 즉 회로를 구성하는데 반드시 필요한 소자로서 회로의 전류 흐름을 억제(제어)하는 기능을 가진 회로 소자이다. 저항기의 중요한 특성을 나타내는 요소는 저항값, 정격 전력, 오차 등이 있다.

저항기가 가지고 있는 전류의 흐름을 억제하는 회로 상수(circuit constant) 저항은 물질의 종류, 주변 환경 등에 따라 결정된다.

문자	기호	단위
R	—⋀⋀⋀—	Ω(Ohm, 옴)

⚙ 저항기의 정격 전력

저항기가 견딜 수 있는 용량으로 I^2R로 구할 수 있고, 단위는 W (Watt, 와트)라고 한다.

$$P(전력) = I^2R[\mathrm{W}]$$

1-1 저항기의 종류와 특징

저항기의 종류로는 고정 저항기와 가변 저항기가 있다. 고정 저항기는 저항값이 고정된 저항기로서 카본 저항기, 솔리드 저항기, 권선 저항기, 금속 피막 저항기, 시멘트 저항기, 어레이(array) 저항기, DIP 저항기가 있다. 또, 가변 저항기는 저항값을 바꿀 수 있는 저항기이다.

(1) 카본 저항기

탄소 피막 저항기라고도 하며, 자기 막대 파이프의 외부에 탄소(카본)의 얇은 막을 입히고 피막 보호와 절연을 위해 전면에 도포가 칠해져 있는 구로 되어 있다. 일반적인 용도로 가장 많이 사용되고 있는 염가의 저항으로, 저항값의 정밀도는 ±5%, 정격 전력은 $\frac{1}{8}$[W], $\frac{1}{4}$[W], $\frac{1}{2}$[W]가 주류를 이루고 있다. 온도에 의한 저항값의 변화가 커서 정밀한 용도에는 적합하지 않으며, 잡음이 발생하기 때문에 미세한 신호를 사용하는 회로에는 사용하지 않는다.

탄소 피막 저항기의 외형 및 크기 표시

모양	치수	정격 전력(W)	굵기(mm)	길이(mm)
	굵기 길이	1/8	2	3
		1/4	2	6
		1/2	3	9

(2) 금속 피막 저항기

　금속 피막 저항기(metallic film resistor, 金屬被膜抵抗器)는 탄소계 저항보다 정밀도가 높은 저항값을 필요로 하는 경우에 사용된다. 정밀도가 ±0.05 %인 것도 있다. 우리가 보편적으로 취급하는 회로에서는 고정밀도의 저항은 사용되지 않는다. 정밀도를 요하는 부분이라도 보통 ±1 % 정도의 정밀도면 충분하다. 금속 피막 저항기의 재료는 니크롬(nichrome ; 니켈(Ni)과 크로뮴(Cr)의 합금)이 사용되고 있다. 이 저항은 브리지 회로, 필터 회로 등과 같이 저항값의 불균형이 회로의 성능에 크게 영향을 주는 회로나, 아날로그의 잡음이 문제가 되는 회로 등에 사용한다.

모양 및 치수	정격 전력(W)	굵기(mm)	길이(mm)
$\frac{1}{8}$[W](정밀도±1%)	$\frac{1}{8}$	2	3
$\frac{1}{4}$[W](정밀도±1%)	$\frac{1}{4}$	2	6
1W(정밀도±5%)	1	3.5	12
2W(정밀도±5%)	2	3	15

(3) 어레이 저항기

　어레이 저항기(array resistor)는 네트워크 저항기라고도 하며, 동일값의 저항을 여러 개 묶어 일체형으로 만들어져 있어서 실장 공간을 줄인 것이다. 어레이 저항기에도 여러 가지 유형이 있으므로 용도에 따라 적절히 선택하여 사용하면 된다.

모양	설명
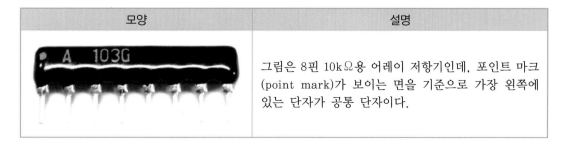	그림은 8핀 10kΩ용 어레이 저항기인데, 포인트 마크(point mark)가 보이는 면을 기준으로 가장 왼쪽에 있는 단자가 공통 단자이다.

(4) 가변 저항기

가변 저항기는 전압을 낮추거나 전류를 조절할 목적으로 사용하는 것으로 손잡이를 돌려서 쉽게 원하는 저항값을 선택할 수 있다.

가변 저항기는 가변형, 반고정형이 있다. 가변형은 볼륨(volume, variable ohm)이라고도 하며, 오디오나 텔레비전의 음량을 조절하는 목적으로 사용한다. 반고정형은 한번 조정하면 거의 변화시킬 필요가 없는 곳에 사용한다. 일반적으로 가변형이나 반고정형 저항기는 회전할 수 있는 각도가 300° 정도이지만, 저항값을 세밀하게 조정하기 위해 기어(gear)를 조합하여 10~15회 정도로 회전시킬 수 있는 퍼텐쇼미터(potentiometer)라는 것도 있다.

모양	설명
	• 저항값을 연속으로 변화시킬 수 있는 소자를 의미한다. 용량은 숫자로 기록되어 있다. • 저항값이 변화되어 전압의 강하 또는 전류를 분배하는 회로에 이용한다. 사용되는 곳은 소리의 크기 조절이나 밝기 조절 등이 있다. • 가변 저항기에는 총 3가지의 다리가 있는데, 왼쪽은 GND를 연결하는 단자이고, 가운데는 아날로그 값을 출력하는 단자이며, 오른쪽이 5V의 + 단자를 연결하는 단자이다.

형태	용도
A	음량 조정
B	음질 조정, 감도 조정
C	진공관의 스크린 그리드 전압에 의한 이득 조정
D	고이득 앰프나 이어폰을 사용하는 라디오 이득 조절
MN	밸런스

1-2　저항기 판독법

탄소 피막 저항기는 색띠로 저항값을 표시하는데, 색깔에 의한 정격 표시는 KS C 0802에 의하여 정격값과 그 허용 오차를 나타내고 있다. 색띠와 저항값과의 관계는 다음과 같다.

다음 그림에서 제1색띠가 적색이므로 제1숫자는 2가 되고, 제2색띠가 보라색이므로 제2숫자는 7이 되며, 제3색띠가 주황색이므로 배수가 10^3이 된다. 따라서 저항값은 27×10^3 [Ω]이 되고, 오차는 제4색띠가 금색이므로 ±5 %이다. 만일 오차를 나타내는 색띠가 없으면 ±20 %의 오차가 있음을 뜻한다.

색띠와 저항값과의 관계(KS C 0802)					색띠 저항값 읽기
색깔	제1색띠	제2색띠	제3색띠	제4색띠	
	제1숫자	제2숫자	배수	오차	
흑색(흑)	0	0	10^0		
갈색(갈)	1	1	10^1	±1%	
적색(적)	2	2	10^2	±2%	
주황색(등)	3	3	10^3		
황색(황)	4	4	10^4		
초록색(초)	5	5	10^5	±0.5%	
청색(청)	6	6	10^6		
보라색(자)	7	7	10^7		
회색(회)	8	8	10^8		
백색(백)	9	9	10^9		
금색(금)			10^{-1}	±5%	
은색(은)			10^{-2}	±10%	
무색(무)				±20%	

색띠 저항값 읽기

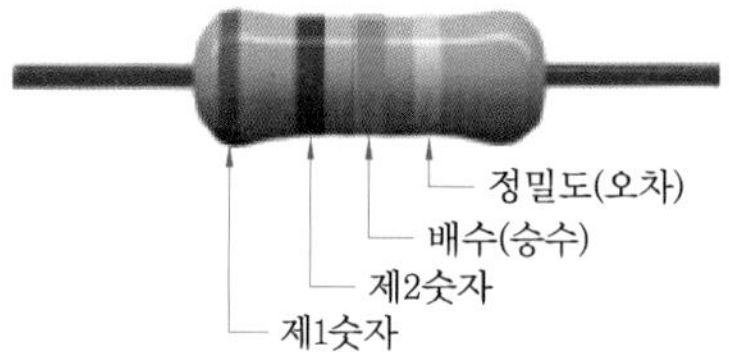

정밀도(오차)
배수(승수)
제2숫자
제1숫자

(구형 저항)

위 저항 읽기
(적색/보라/주황) [27kΩ]
[읽기] 제1숫자(적색 : 2)
　　　 제2숫자(보라 : 7)
☆ 제3컬러(배수-주황 : 3)×1000
　 (27000) [Ω]
　 =(27) [kΩ]

---

2 인덕턴스(코일)

인덕턴스, 코일(coil)은 도선을 나선형으로 감아 놓은 것으로서 전기 회로에서 전류의 변화량을 제어하는 기능을 가진 회로 소자이다. 인덕터(inductor)라고도 한다.

문자	기호	단위
L	 ~0000~	[H](Herry, 헨리)
인덕터 기호별 분류	 ~0000~	공심인 경우
	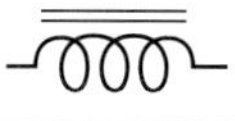 ~0000~	철심이 들어 있는 경우
	 ~0000~	압분 철심이 들어 있는 경우

2-1   동조 코일

안테나 코일이라고도 하며, 중파 방송 수신용의 동조 코일은 페라이트 코어에 리츠선을 감은 바(bar) 안테나가 많이 사용되고, 300~430 m의 인덕터를 갖는다. 또한 안테나 코일은 수신 동조 측(1차)이 55~60회 정도, 베이스 픽업 코일(2차)이 5~6회 정도 감겨 있으며 바리콘과 함께 사용된다.

2-2   잡음 방지용 코일

전원이나 신호 라인에 콘덴서와 함께 삽입하여 잡음의 진입을 방지하는 코일을 말하며, 트로이덜 코어나 EI 코어에 감겨져 있다.

트로이덜 코일은 자속이 코어에서 외부로 누설되기 어렵고, 잡음을 외부에 방출시키지 않으므로 잡음 방지에 사용되지만, 코어의 재질이 다르므로 고주파로는 사용하기 어렵다.

2-3   트랜스포머(transformer)

트랜스포머는 입력 전압을 전자유도 작용으로 높이거나 낮추기 위한 것으로, 트랜스 또는 변압기라 하며, 중간 주파 트랜스, 입력 트랜스, 출력 트랜스, 전원 트랜스 등이 있다.

(1) 중간 주파 트랜스(IFT : Intermediate Frequency Transformer)

슈퍼 헤테로다인 수신기에서 수신 주파수를 낮추어 수신기의 감도, 안정성을 좋게 할수 있도록 중간 주파수 증폭기를 사용하는데, 이 증폭 회로에 사용되는 트랜스를 말한다. AM용은 455kHz의 중간 주파수가 사용되며 3개(황, 백, 흑색)가 1조로 되어 있고, FM용은 10.7MHz의 중간 주파수가 사용되며 4개(황, 녹, 오렌지, 청색)가 1조로 되어 있다.

(2) 입력 트랜스(IPT : InPut Transformer)

변성기라고도 하며, 증폭기의 입력 측에 넣어 임피던스 매칭(matching, 정합)을 할 목적으로 사용된다. 보통 트랜스를 감싸는 절연 테이프 컬러가 녹색이 사용된다.

(3) 출력 트랜스(OPT : OutPut Transformer)

증폭기의 출력 측과 스피커와의 임피던스 매칭(matching, 정합)을 할 목적으로 사용된다. 보통 트랜스를 감싸는 절연 테이프는 적색이 사용된다.

(4) 전원 트랜스(PT : Power Transformer)

가정용 전원 전압인 110/220 V를 전자 회로에 알맞은 전압으로 낮추기 위한 목적으로 사용하는 트랜스와 승압 회로에 사용될 전원을 높이기 위한 목적으로 사용하는 트랜스를 전원 트랜스라고 한다.

1차 측은 입력 전원 전압을 가하는 단자이고, 2차 측은 부하 또는 정류 회로에 가해지는 전압이 나타나는 곳이다.

모양	설명
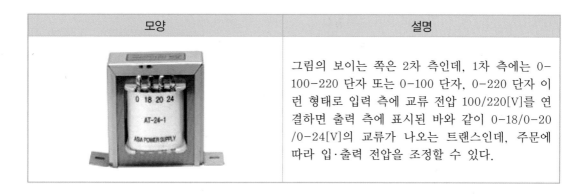	그림의 보이는 쪽은 2차 측인데, 1차 측에는 0-100-220 단자 또는 0-100 단자, 0-220 단자 이런 형태로 입력 측에 교류 전압 100/220[V]를 연결하면 출력 측에 표시된 바와 같이 0-18/0-20/0-24[V]의 교류가 나오는 트랜스인데, 주문에 따라 입·출력 전압을 조정할 수 있다.

3 ─● 커패시터(콘덴서)

커패시터(capacitor), 콘덴서는 전기 회로에서 전하를 충전하거나 방전하면서 전압의 변화량을 제어하는 회로 소자이며 콘덴서(condenser)라는 용어와 혼용하고 있다. 일반적으로는 전하를 축적하는 기능 이외에 직류 전류를 차단하고 교류 전류를 통과시키려는 목적에도 사용된다.

문자	기호	단위
C	─┤├─	[F](Farad, 패럿)

3-1 콘덴서의 종류

콘덴서에는 고정 콘덴서, 가변 콘덴서가 있다. 고정 콘덴서에는 전해 콘덴서, 탄탈 콘덴서, 세라믹 콘덴서, 마일러 콘덴서 등이 있고, 가변 콘덴서에는 트리머와 바리콘 등이 있다.

(1) 전해 콘덴서

전해 콘덴서는 알루미늄 전해 콘덴서 또는 케미콘 (chemical condenser)이라고도 부른다. 이 콘덴서는 유전체로 얇은 산화막을 사용하고, 전극으로는 알루미늄을 사용한다. 극성이 있는 특징을 가지고 있으며, 일반적으로 콘덴서 자체에 음(−)극을 나타내는 표시와 인가할 수 있는 전압, 용량 등이 표시되어 있다. 극성을 잘못 접속하거나, 과전압을 가하면 콘덴서가 파열되므로 주의해야 한다. 용량은 1 μF부터 수만 μF까지 비교적 큰 용량을 가진다. 주로 전원의 평활 회로, 저주파 바이패스 등에 사용되며, 코일 성분이 많아 고주파에는 적합하지 않다.

전해 콘덴서

(2) 탄탈 콘덴서

탄탈 콘덴서(tantalum capacitor)는 탄탈륨을 전극 재료로 사용하는 극성을 가진 콘덴서이다. 전해 콘덴서와 마찬가지로 비교적 큰 용량을 얻을 수 있다. 그리고 온도 특성, 주파수 특성 등에서 전해 콘덴서보다 우수하다. 이 콘덴서의 표면에는 극성을 구분할 수 있도록 + 기호가 표기되어 있다.

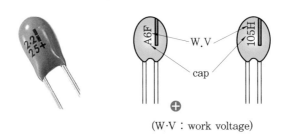

(W·V : work voltage)

탄탈 콘덴서

(3) 세라믹 콘덴서

세라믹 콘덴서는 티탄산 바륨(titanium barium)과 같이 유전율이 큰 물질을 사용하며, 얇은 세라믹 디스크의 양쪽 면에 전극을 입히고 리드 선을 연결한 구조로 되어 있다. 세라믹 재질에 따라 세라믹 콘덴서의 특성이 결정된다. 일반적으로 주파수 특성이 좋고 온도에 따라 안정된 값을 가지고 있으며 절연 저항도 큰 특성을 가지고 있다. 장점이 많아서 주로 아날로그 회로용으로 많이 사용된다.

세라믹 콘덴서

(4) 마일러 콘덴서

폴리에스터 필름 콘덴서라고도 하며, 얇은 폴리에스터 (polyester) 필름을 양측에서 속으로 삽입하여 원통형으로 감은 것이다. 이 콘덴서의 용량 표시로는 3자리의 숫자가 사용되는 경우가 많은데, 이 경우에는 앞의 2자리 숫자가 용량의 제1숫자와 제2숫자이고, 제3숫자는 승수가 된다. 이 콘덴서는 가격은 저렴하지만, 높은 정밀도는 기대할 수 없다. 오차는 대략 $\pm 5 \sim \pm 10\,\%$ 정도이며, 전극의 극성 은 없다.

마일러 콘덴서

이 콘덴서의 용량을 판별하는 것이 조금은 까다로워 보이지만, 알고 보면 상당히 쉽다. 지금부터 마일러 콘덴서의 용량을 판별하는 법을 알아보도록 하겠다. 예를 들면, 104라는 숫자가 마일러 콘덴서에 적혀 있다면, 이것은 10(제1숫자 및 제2숫자 : 용량)$\times 10^4 [\mathrm{pF}] =$ $10 \times 10^{-6} \times 10^{-2}$ [F], 이것을 $[\mu \mathrm{F}]$ 단위로 환산하면 $10 \times 10^{-2} [\mu \mathrm{F}] = 0.1\,\mu\mathrm{F}$로 된다. 따라서, 105라는 숫자가 기재되어 있다면 5가 10^5인 상태에서 이 콘덴서의 용량은 $1\,\mu\mathrm{F}$, 104는 $0.1\,\mu\mathrm{F}$, 예를 들어 333은 $0.033\,\mu\mathrm{F}$라고 읽으면 된다. 이를 기준으로 다음에 콘덴서의 정 격 전압 및 오차에 대해 좀 더 상세히 알아보도록 하자.

콘덴서의 허용오차

문자	B	C	D	F	G	J	K	M	N	V	X	Z	P
허용 오차 (%)	± 0.1	± 0.25	± 0.5	± 1	± 2	± 5	± 10	± 20	± 30	$+20$ -10	$+40$ -10	$+80$ -20	$+100$ -0
허용 오차 (pF)	± 0.1	± 0.25	± 0.5	± 1	± 2	–	–	–	–	–	–	–	–

콘덴서의 내압

분류	A	B	C	D	E	F	G	H	J	K
0	1	1.25	1.6	2.0	2.5	3.15	4.0	5.0	6.3	8.0
1	10	12.5	16	20	25	31.5	40	50	63	80
2	100	125	160	200	250	315	400	500	630	800
3	1000	1250	1600	2000	2500	3150	4000	5000	6300	8000

보충 학습

콘덴서의 규격 판별법	모양
1. 전해 콘덴서 • 극성 구분 방법 : 리드선의 길이가 긴 것이 (+)이거나 몸체의 (−)극이 띠 형태로 되어 있다. • 용량 : 표면에 숫자로 표시(47 μF) • 내압 : 표면에 숫자로 표시(10 V 또는 100 WV)	
2. 탄탈 콘덴서 • 극성 구분 방법 : 리드선의 길이가 긴 것이 (+)이거나 몸체의 (+)극이라 명기되어 있다. • 용량 : 표면에 숫자로 표시(47 μF) • 내압 : 표면에 숫자로 표시(35)	
3. 세라믹 콘덴서 • 용량 : 표면에 숫자로 표시(223−0.022 μF) • 오차 : 표면에 영문자로 표시(K, 표 참조 : 콘덴서의 허용오차) • 용량 계산법 　1자리수 : 유효숫자 　2자리수 : 유효숫자 　3자리수 : 승수(곱하는 수) 　2 2 3 K 　2 2 × 103 → 22000 pF±10 %＝0.022 μF±10 %	
4. 마일러 콘덴서 • 내압 : 표면에 숫자와 영문자 표시(1H, 표 참조 : 콘덴서의 내압) • 용량 : 표면에 숫자로 표시(224, 표 참조 : 콘덴서의 내압) • 오차 : 표면에 영문자로 표시(J, 표 참조 : 콘덴서의 내압) • 용량 계산법 　1자리수 : 유효숫자 　2자리수 : 유효숫자 　3자리수 : 승수 　1H ········ 내압 50 V 표시 　2 2 4 J 　2 2 × 104 → 220000 pF±5 %＝0.22 μF±5 %	

4 → 다이오드

다이오드(diode)는 전류를 한 방향으로만 흐르게 하고 역방향으로 흐르지 못하게 하는 성질을 가진 반도체 소자를 말한다.

반도체 내에서 전기를 운반하는 역할을 하는 것을 캐리어(carrier, 반송자)라 하며, 정공(hole)이 전기 전도의 역할을 하는 P형 반도체와 전자(electron)가 전기 전도 역할을 하는 N형 반도체를 접합한 것을 PN접합 다이오드라고 한다.

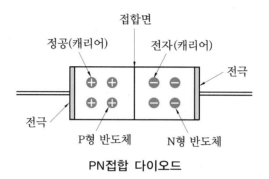

PN접합 다이오드

일반적으로 다이오드는 정류용, 스위칭용, 검파용 등으로 분류하며, 다이오드 극성을 표시하기 위해 캐소드 측에 색띠(cathode band)가 인쇄되어 있다.

① **정류용** : 하나의 다이오드 형태와 복수의 다이오드를 브리지(bridge) 형태로 구성한 전파 정류형 등이 있다. 사용할 때 교류 전원의 3배 이상의 내압을 사용한다.
② **스위칭용** : 보통 1S1588이라 칭하고, 회로의 스위칭에 사용된다.
③ **검파용** : 소신호의 검파에 사용하며, 게르마늄(Ge)을 이용한 것을 주로 사용하고 1N60 등이 있다.

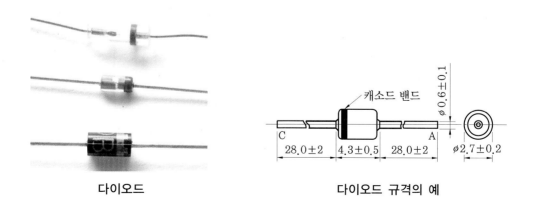

다이오드   다이오드 규격의 예

4-1   다이오드의 작용

그림 (a)와 같이 전압을 가하면 반송자(carrier)인 정공과 전자는 양쪽의 전압에 의해 서로 반발하여 접합면을 자유롭게 이동하며 전류를 잘 흐르게 하는데, 이와 같은 방향의 전압을 순방향 전압이라 한다.

그림 (b)와 같이 전압을 가하면 반송자는 양쪽의 전압에 의해 서로 흡인되어 접합면에 반송자가 없어지므로 전류가 흐르지 못하는데, 이와 같은 방향의 전압을 역방향 전압이라 한다.

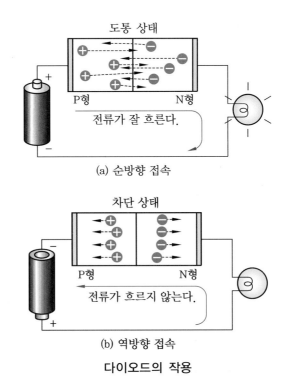

(a) 순방향 접속

(b) 역방향 접속

다이오드의 작용

⚙ 다이오드의 양부 판별

다이오드는 PN접합 반도체로 순방향일 때 전류가 흐르고, 역방향일 때 전류가 흐르지 않는 성질이 있으므로 다음과 같이 양부 판별이 가능하다.

테스터를 저항 측정 단자(R×100 이상)에 위치하고 흑색 리드선을 다이오드의 애노드(+)에, 적색 리드선을 캐소드(−)에 접촉했을 때 저항값이 작고(측정기의 지침이 크게 움직임), 반대로 했을 때 저항값이 크면 좋은 것이다(측정기의 지침이 움직이지 않음).

- 단락(short) 상태 : 순방향(지침이 올라간다.)
- 개방(open) 상태 : 역방향(지침이 움직이지 않는다.)

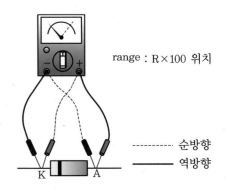

range : R×100 위치

------- 순방향
——— 역방향

다이오드의 구조·기호·외형

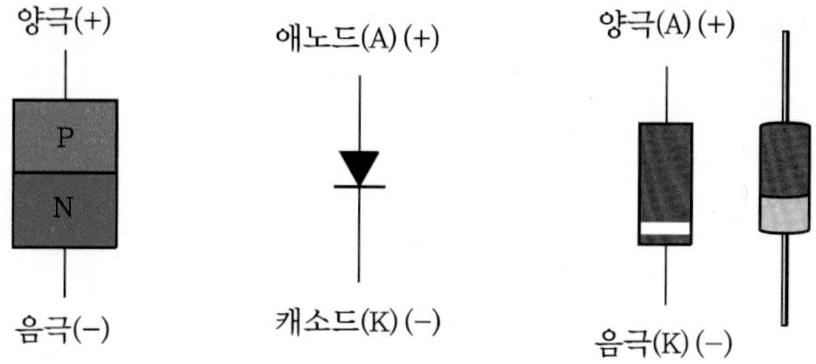

(a) 구조　　　(b) 회로 기호　　　(c) 외형

다이오드의 구조와 회로 기호 및 외형

4-2　**다이오드의 종류 및 활용**

다이오드는 정류 회로, 전압 제한 회로, 전류 방향 제어, 전압 분배 등에 다양하게 사용되는 소자이며, 종류 및 활용 분야는 다음 표와 같다.

명칭	회로 기호	실물	특성 및 활용
정류 다이오드	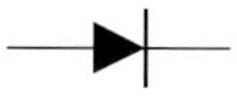		교류를 직류로 변환하는 정류 회로
정전압(제너) 다이오드	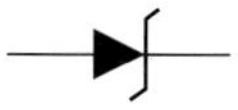		항복 전압 특성을 이용한 정전압 안정화 회로
터널(에사키) 다이오드	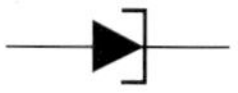		음저항 특성을 이용한 마이크로파 발진 회로
발광 다이오드(LED)	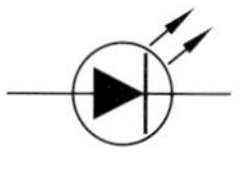		발광 특성을 이용한 표시용 램프, 조명용 램프 또는 디스플레이
수광(포토) 다이오드	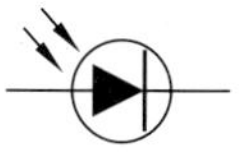		광 검출 특성을 이용한 센서 회로
가변 용량 다이오드(버랙터)			p-n 접합에서 용량이 변화하는 특성을 이용한 동조 회로, 주파수 변조 회로
가변 저항 다이오드(배리스터)	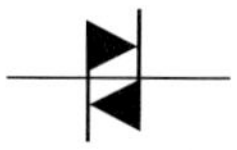		전압에 의해 저항이 변화하는 특성을 이용한 과전압 보호 회로

5 ─● 트랜지스터

트랜지스터는 transfer-resister의 준말로 TR이라 한다.

구조는 PN접합의 한쪽면에 P형 또는 N형 반도체를 접합하여 PNP 또는 NPN 접합을 한 형태로 되어 있다.

트랜지스터는 전자와 정공의 양극성 전하가 캐리어로 동작하므로 **바이폴러 트랜지스터** (bi-polar transistor)라고도 한다.

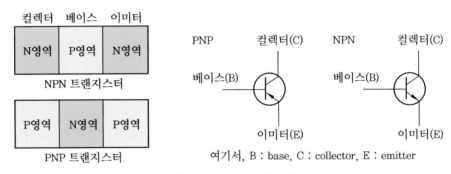

트랜지스터의 구조와 기호

🛠 트랜지스터의 동작원리

트랜지스터는 이미터와 베이스 간, 베이스와 컬렉터 간의 2가지 PN접합을 갖는다. 베이스와 컬렉터 간에 역방향 전압(V_{CB})을 인가하면 컬렉터 회로 내에 작은 전류 IC(컬렉터 전류)가 흐르고, 이미터와 베이스 간에 순방향 전압(V_{BE})을 인가하면 전자가 이미터에서 베이스 영역으로 주입된다(이미터 전류).

이 전자의 일부는 베이스 전류가 되지만 대부분 베이스-컬렉터 접합에 도달하여 역전압에 의한 전계로 컬렉터에 흡수되어 컬렉터 전류가 된다. 그러므로 약간의 베이스 전류로 큰 컬렉터 전류를 제어할 수 있으며, 이에 따라 전류 증폭을 한다.

PNP 트랜지스터도 전압을 바꿔서 인가하면 같은 원리로 동작된다.

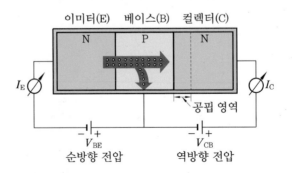

5-1 컬렉터 전류에 따른 분류

① **소출력용** : 컬렉터 전류 0.1 A 정도
② **중출력용** : 컬렉터 전류 0.5 A 정도
③ **대출력용** : 컬렉터 전류 5 A 이상

전류에 따른 분류

5-2 형명에 따른 분류

트랜지스터는 고주파용과 저주파용으로 구분한다.

트랜지스터의 분류

섭누	분류	특성 및 활용	접두	분류	특성 및 활용
2SA	PNP 트랜지스터	고주파용	2SJ	P채널 FET	싱글 게이트용
2SB	PNP 트랜지스터	저주파용	2SK	N채널 FET	싱글 게이트용
2SC	NPN 트랜지스터	고주파용	3SJ	P채널 FET	듀얼 게이트용
2SD	NPN 트랜지스터	저주파용	3SK	N채널 FET	듀얼 게이트용

5-3 트랜지스터의 명칭

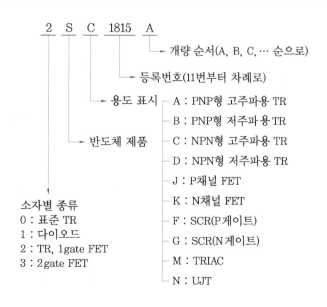

2　S　C　1815　A

→ 개량 순서(A, B, C, … 순으로)

→ 등록번호(11번부터 차례로)

→ 용도 표시
A : PNP형 고주파용 TR
B : PNP형 저주파용 TR
C : NPN형 고주파용 TR
D : NPN형 저주파용 TR
J : P채널 FET
K : N채널 FET
F : SCR(P게이트)
G : SCR(N게이트)
M : TRIAC
N : UJT

→ 반도체 제품

소자별 종류
0 : 표준 TR
1 : 다이오드
2 : TR, 1gate FET
3 : 2gate FET

트랜지스터 전극 및 양부 판별

NPN형 트랜지스터는 P형 반도체(base)를 중심으로 양측에 N형 반도체(이미더, 컬렉더)를 접합한 형태로 되어 있다. 베이스를 중심으로 2개의 다이오드가 붙어 있는 것과 같은 형태로 되어 있으므로 다이오드의 양부를 판별하듯이 측정하면 된다.

1. 베이스 전극 찾기
   다음 그림 [트랜지스터 전극의 형태]와 같이
   ① 테스터를 R×100 단자 이상에 놓고
   ② 트랜지스터 임의의 단자에 흑색 리드봉을 접촉하고
   ③ 다른 두 단자에 적색 리드봉을 각각 접촉했을 때
   ④ 테스터 계기의 지침이 저항값으로 0 Ω 가까이 지시하면(순방향) 흑색 리드봉이 접촉된 곳이 베이스가 된다.
   만일, 계기의 지침이 저항값 ∝을 지시하면 흑색 리드봉을 다른 단자로 하고 ③, ④와 같이 다시 측정한다.

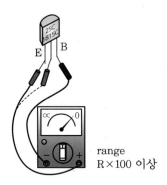

range
R×100 이상

2. 이미터와 컬렉터 전극 찾기
   트랜지스터는 일정한 형태의 전극을 가지고 있으므로 위의 베이스 전극만 찾으면 이미터와 컬렉터는 그 형식을 따른다.
   ① 테스터를 R×10000 단자에 놓고
   ② 트랜지스터의 베이스 전극을 제외한 두 전극 간의 저항값을 측정하여
   ③ 테스터의 계기 지침이 순방향 상태로 지시하면
   ④ NPN의 경우 적색 리드봉이 접촉된 곳이, PNP의 경우 흑색 리드봉이 접촉된 곳이 컬렉터가 된다.

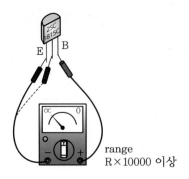

range
R×10000 이상

6 ● 광소자

광소자는 빛을 이용하여 신호를 발생시키거나 검출하기 위한 소자를 말하며 신호변환, 제어 등에 사용된다.

6-1   발광 다이오드(LED)

LED(Light Emission Diode)는 GaP, GaAsP 등의 화합물 반도체로 PN접합을 만들고, 여기에 순방향 전압을 인가하여 접합면에서 발광하는 소자이다.

LED

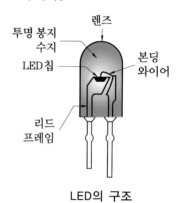

LED의 구조

(1) 구조

빛을 발광하기 위한 LED 칩(chip)과 전압을 가하기 위한 캐소드 리드의 핀 상단은 납이나 도전성 페이스트에 의해 고정되어 있으며, LED 칩과 애노드 리드 간에 $\phi 25\sim30\ \mu m$의 가는 금선이 접속되어 있다. 또한 빛을 유효하게 방사하기 위해 투명 에폭시 수지의 렌즈 속에 매입된 형태로 되어 있다.

(2) 사용 방법

① static 구동 방법

㈎ 직류 점등 회로

그림 (a)와 같이 직류 전원을 사용하여 점등하는 경우의 기본 회로로 전류는 다음과 같다.

$$I_F = \frac{(V_{CC} - V_F)}{R}$$

I_F : LED의 순방향 전류, V_{CC} : 전원 전압, R : 전류 제한 저항, V_F : LED의 순방향 전압

직류 점등 회로에서 광도를 향상시키기 위해 그림 (b)와 같이 직렬 또는 병렬로 접속하여 사용하며, 이때 전류는 다음과 같다.

$$\text{직렬 접속} : I_\text{F} = \frac{(V_\text{CC} - n V_\text{F})}{R} \qquad \text{병렬 접속} : I_\text{F} = \frac{(V_\text{CC} - V_\text{F})}{R}$$

(나) 정전류 점등 회로

그림 (c)와 같으며, 전류는 다음과 같다.

$$I_\text{F} = \frac{(V_\text{CC} - V_\text{BE})}{R_3}$$

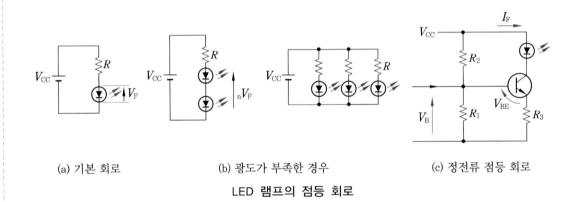

(a) 기본 회로   (b) 광도가 부족한 경우   (c) 정전류 점등 회로

LED 램프의 점등 회로

② **다이내믹(dynamic) 구동 방법**

눈의 잔상효과를 이용한 방법으로 디지털 회로를 조합하여 사용하며 저소비 전력화가 가능한 방법이다. 펄스 점등의 원리는 다음 그림과 같으며, LED가 점등하고 있는 시간을 직류 점등 시의 1/2로 한 경우 직류 점등 시보다 2배의 밝기가 되는 펄스 피크 전류를 가하면 동일해 보인다.

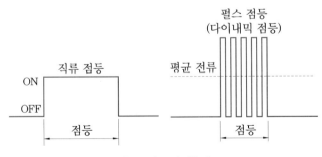

펄스 점등의 원리

펄스 점등 방식은 TTL 또는 C-MOS IC와 트랜지스터 등을 조합하여 설계한다.

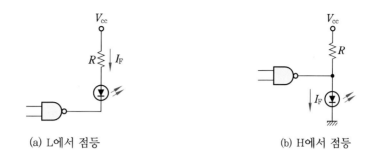

(a) L에서 점등　　　　　　　(b) H에서 점등

IC에 의한 펄스 점등 회로

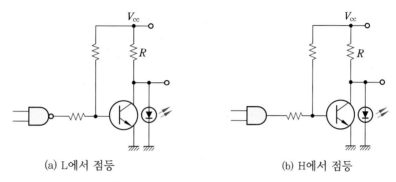

(a) L에서 점등　　　　　　　(b) H에서 점등

구동 드라이버 트랜지스터에 의한 펄스 점등 회로

6-2 **포토 트랜지스터**

포토 트랜지스터(Photo Transistor)는 빛에 의해 컬렉터 전류가 제어되는 수광 소자로, 그림과 같은 구조로 되어 있으며 상단에 빛을 투과시키는 투명 렌즈가 있다.

또한 바이어스를 가하기 위해 베이스 전극이 있는 것과 없는 것이 있으며, 다이오드 형태로 된 포토 다이오드도 있다.

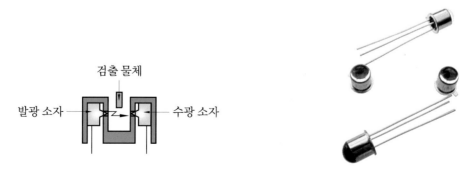

포토 트랜지스터

6-3   포토 인터럽터

(1) 구조

발광 소자와 수광 소자가 하나의 패키지에 내장되어 수 mm의 간격을 두고 마주보도록 배치되어 있다. 발광 소자에는 적외선 LED가 사용되고, 수광 소자에는 포토 트랜지스터가 사용된다.

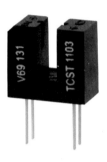

포토 인터럽터

(2) 특징

비접촉 물체 감지, 무접점으로 신뢰성이 높고 수명이 길며, 소형으로 가볍고 TTL 또는 C-MOS IC와 접속이 용이하다. 패키지 구성에 따라 투과형과 반사형이 있으며, 투과형은 포토 인터럽터(Photo Interrupter)라 하고, 반사형은 반사형 포토 인터럽터 또는 포토 리플렉터라 한다.

(3) 동작 원리

적외선 LED가 발광하는 근적외선이 포토 트랜지스터에 조사되고 포토 트랜지스터에 컬렉터 전류가 흐르며, 검출하려는 이동 물체가 양 소자 간에 삽입되면 빛이 물체에 의해 차단되고 포토 트랜지스터가 컷오프되어 컬렉터 전류가 흐르지 않는다. 물체의 유무에 따라 포토 트랜지스터의 출력 신호 변화를 이용한다.

(4) 수광 소자의 종류

① 포토 트랜지스터

가격이 저렴하여 일반적으로 널리 사용하고 있다.

② 포토 다링턴 트랜지스터

포토 트랜지스터에 비해 광감도가 높아 LED의 순방향 전류를 작게 하더라도 구동할 수 있기 때문에 저전력 회로, 소형 기기 등의 사용에 적합하다.

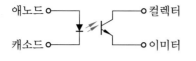

(a) 포토 트랜지스터 출력의 등가 회로

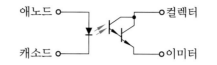

(b) 포토 다링턴 트랜지스터 출력의 등가 회로

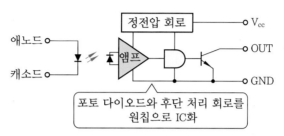

(c) 디지털 출력 포토 IC의 등가 회로

포토 인터럽터의 종류

7 ● CdS 광도전 소자

CdS 광도전 소자는 카드뮴(Cd)과 황(S)의 화합물을 기판에 증착하고, 그 양단에 리드선을 붙인 구조로 되어 있다.

빛을 받으면 저항값이 감소하는 성질을 가지고 있으며, 주로 빛을 검출하는 회로 등에 사용된다.

다음은 CdS의 여러 가지 모습과 그 구조와 기호를 나타낸 것이다.

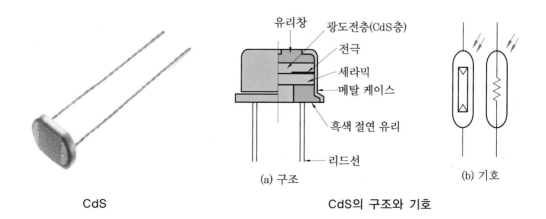

CdS   CdS의 구조와 기호

8 ● 트리거 소자

8-1 DIAC

DIAC(다이액)은 2단자 교류 스위치를 의미하며, 다음 그림과 같은 3층 구조로 이루어져 있고 전압 −전류 특성이 대칭인 쌍방향성 트리거 소자(trigger device)이다. 순방향 브레이크 오버 전압보다 작은 전류에서는 다이액에 전류가 흐르지 않는다.

그러나 일단 브레이크 오버 전압에 도달하면 다이액은 도통되어 단자 간의 전압이 약간 떨어지면서 전류가 급상승한다. 역방향도 역시 같은 동작을 하며 교류 공급 전원의 양 반파 주기에서 트리거 신호를 발생한다.

브레이크 오버 전압은 30~36 V이며 브레이크 오버 전류는 50 μA인 것이 대부분 사용된다.

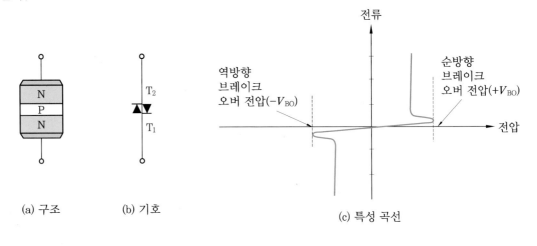

(a) 구조　　　(b) 기호　　　(c) 특성 곡선

8-2 단접합 트랜지스터(UJT)

단접합 트랜지스터(UJT : Uni-Junction Transister)는 접합부가 하나인 트랜지스터를 말하는 것으로, 일종의 브레이크 오버 소자이다.

일반적으로 UJT는 타이머, 발진기, 파형 발생기, 사이리스터의 게이트 제어회로 등에 널리 사용된다.

UJT는 다음 그림과 같이 N형 실리콘 막대 양단에 베이스 전극(B_1, B_2)을 만들고, B_1보다 B_2 가까운 곳에 P형 반도체를 접합하여 이미터(E) 전극을 형성한 형태로, 더블 베이스 다이오드(double base diode)라고도 한다.

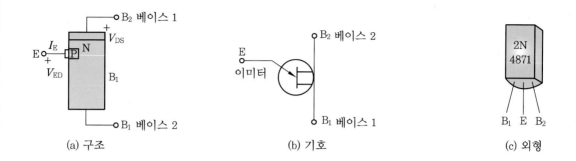

(a) 구조   (b) 기호   (c) 외형

[동작 원리]

1 이미터(E)와 베이스 1(B_1) 사이의 전압(V_{EB1})이 피크 전압(V_P)보다 작으면 UJT는 OFF되어 이미터에서 베이스 1으로 흐르는 전류(I_E)는 0이 된다.

2 V_{EB1} 전압이 V_P 전압에 도달하면 UJT는 ON이 되고 E와 B_1 사이는 단락되어 전류가 흐른다. 이로 인해 B_2와 B_1 사이에 전류가 흐른다.

다음 그림은 UJT의 등가 회로와 $V-I$ 특성 곡선 및 간단한 회로를 나타낸 것이다.

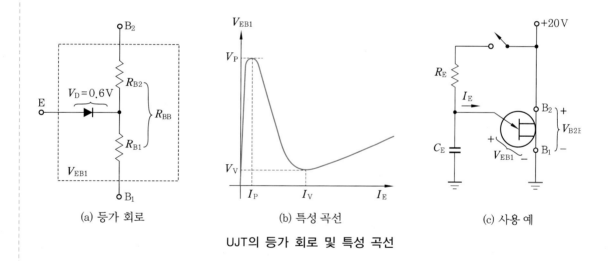

(a) 등가 회로   (b) 특성 곡선   (c) 사용 예

UJT의 등가 회로 및 특성 곡선

8-3 PUT

PUT(Programmable Uni-Junction Transistor)는 실제 구조와 동작 모드가 UJT와 다르나 각각의 전압-전류 특성과 응용이 비슷하여 UJT의 명칭을 사용하고 있다. PUT도 UJT와 같이 트리거 소자로서 매우 적은 전류로 트리거할 수 있다. 구조는 다음 그림과 같이 샌드위치된 N형 반도체 층에 게이트가 직접 접속된 PNPN형 반도체 소자이다.

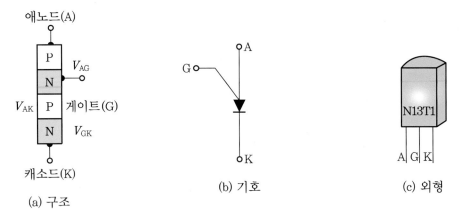

(a) 구조

(b) 기호

(c) 외형

PUT의 구조 및 기호

[동작 원리]

1 게이트에 일정 전압을 가하고 애노드의 전압을 증가시키면($V_A > V_G$) PNP형 트랜지스터는 순방향 바이어스가 되어 도통 상태가 된다.

2 PNP형 트랜지스터가 도통되면 컬렉터 전압은 NPN형 트랜지스터의 베이스에 순방향 바이어스가 되어 NPN형 트랜지스터를 도통시키고, 순식간에 포화전류가 흐르게 되어 애노드와 캐소드 간은 도통 상태가 된다.

3 일단 도통되면 애노드와 캐소드 간은 게이트 전압에 관계없이 이 상태를 계속 유지한다(SCR 특성과 같음, holding 상태).

4 게이트와 캐소드 간의 전압, 즉 게이트 전압을 변화시키면 애노드와 캐소드 간의 도통되는 전압을 가변할 수 있다.

⚙ PUT의 양부 측정

테스터를 저항 단자(R×100)에 놓고 애노드에 흑색 리드봉을, 게이트에 적색 리드봉을 접속하면 저항값으로 0 Ω 가까이 지시하고 역으로 접속하면 ∝을 지시한다. 또한 애노드에 흑색 리드봉을, 캐소드에 적색 리드봉을 접속하여도 0 Ω 가까이 지시한다. 애노드와 게이트를 동시에 접속했을 때 ∝의 저항값을 지시하면 양호한 것이다.

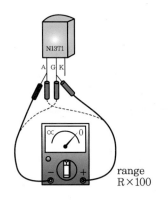

9 ━ 사이리스터

　사이리스터(thyristor)는 하나의 스위치 작용을 하는 반도체로서 PN접합을 여러 개 적당히 결합한 소자이다. 주로 전력 제어용으로 사용되며, 대표적인 소자로 SCR과 트라이액이 있다.

9-1 실리콘 제어 정류기(SCR)

　SCR(Silicon Controlled Rectifier)은 실리콘 제어 정류 소자를 말하며, 사이리터(thyristor)라고도 하고, 특수한 반도체 정류 소자로서 소형이고 응답 속도가 빠르며, 대전력을 미소한 압력으로 제어할 수 있다. 수명이 반영구적이고 튼튼하므로 릴레이 장치, 조명, 조광 장치, 인버터, 펄스 회로 등 대전력의 제어용으로 많이 사용된다.

　구조는 다음 그림과 같으며, 이를 등가 회로로 표현하면 NPN 트랜지스터와 PNP 트랜지스터의 컬렉터와 베이스가 서로 연결된 형태로 되어 있다.

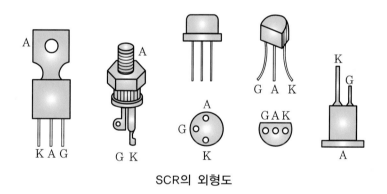

SCR의 외형도

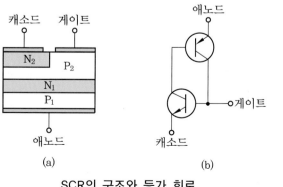

(a)　　　(b)

SCR의 구조와 등가 회로

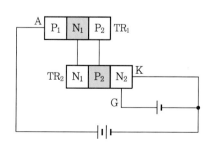

SCR의 등가 구조

[동작 원리]

1 게이트에 전압을 공급하지 않고 애노드에 +, 캐소드에 −의 전압을 가하면 P_1, N_1과 P_2, N_2 전극은 순방향 전압이 걸리나 N_1, P_2 전극은 역방향 전압이 되어 애노드로부터 캐소드로 전류가 흐르지 못한다. 이때를 SCR의 순저지 상태라 한다.

2 게이트(P_2)에 +전압을 가하면 NPN 트랜지스터의 바이어스 전압으로 가해져 도통 상태가 되며, 이때 흐르는 컬렉터 전류가 PNP 트랜지스터의 바이어스 전압이 되어 PNP 트랜지스터도 도통하여 애노드로부터 캐소드로 급격히 전류가 흐른다.

3 애노드와 캐소드가 도통 상태가 되면 SCR 내부의 포화 전류에 의해 게이트 전압을 제거하더라도 도통 상태를 유지한다. 이를 SCR의 holding 상태라 한다.

4 SCR은 한쪽 방향으로만 스위치 특성을 가지므로 단방향성 제어 소자라 한다.

SCR은 교류에서는 전류 제어 특성을 가지고 직류에서는 스위칭 작용만 한다. SCR을 도통 상태에서 차단시키는 방법은 애노드로 흐르는 전류를 차단하거나 애노드 전류를 holding 전류 이하로 낮추거나 역전압을 공급하여 차단시킨다.

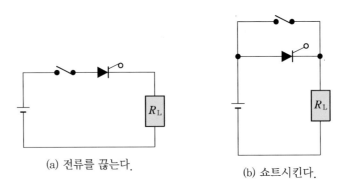

(a) 전류를 끊는다. (b) 쇼트시킨다.

R을 도통 상태에서 차단하는 방법

⚙️ SCR의 극성 및 양부 측정

테스터를 저항 단자($R \times 1$)에 놓고 각 전극 간의 순방향 전압을 측정하면 저항값이 $0\ \Omega$ 가까이 되는 두 단자가 있다.

이 두 단자가 캐소드와 게이트가 되는데, 흑색 리드봉이 접속된 전극이 게이트가 되고 적색 리드봉이 접속된 전극이 캐소드가 되며 나머지 전극은 애노드가 된다.

이렇게 전극을 확인한 다음 흑색 리드봉을 애노드에 접속하고 적색 리드봉을 캐소드에 접속한 다음, 애노드에 접속된 흑색 리드봉을 게이트 전극에 접촉하면 $0\ \Omega$ 가까이 순방향 저항값을 지시한다. 애노드와 게이트에 접촉된 흑색 리드봉을 애노드 전극에 접촉한 상태에서 게이트 전극으로부터 분리하더라도 순방향 저항값을 지시하면(holding 상태) 이 SCR은 정상이다.

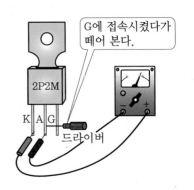

G에 접속시켰다가 떼어 본다.

2P2M

K A G

드라이버

9-2   트라이액 (TRIAC)

2개의 SCR을 역병렬로 접속한 형태로 + 또는 − 게이트 신호에 의해 전원의 정방향 또는 역방향으로 턴 온이 가능하므로 쌍방향성 전력 제어 소자이다.

NPNPN의 5층형 구조이지만 왼쪽 절반은 T_2를 양극으로 한 PNPN 구조의 사이리스터 (thyristor)로 구성되어 있다. 전극은 T_1, T_2, 게이트로 되어 있으며 기준 전극은 사이리스터의 캐소드에 해당하는 T_1 전극이다. 게이트에 +, − 양방향의 어떤 신호라도 인가하면 트리거되어 T_1과 T_2 사이가 도통된다.

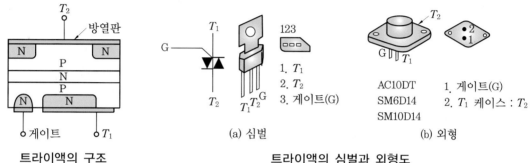

| 트라이액의 구조 | 트라이액의 심벌과 외형도 |

1. T_1
2. T_2
3. 게이트(G)

AC10DT
SM6D14
SM10D14

1. 게이트(G)
2. T_1 케이스 : T_2

(a) 심벌   (b) 외형

트라이액의 게이트 감도는 T_1에 "−", T_2에 "+", 그리고 게이트에 T_1보다 높은 전압을 인가했을 때 감도가 가장 좋다.

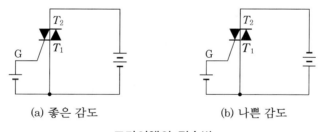

(a) 좋은 감도   (b) 나쁜 감도

트라이액의 접속법

트라이액의 극성 및 양부 측정

테스터를 저항 단자(R×1)에 놓고 게이트와 T_1 간에 리드봉을 접속시키면 극성에 관계없이 저항값이 15~20 Ω 정도를 지시한다. 일반적으로 게이트는 실물에 표시되어 있으며 방열판과 접속되어 있는 단자는 T_2 전극이다. T_1과 T_2에 각각 테스터의 적색 리드봉과 흑색 리드봉을 접속하면 저항값은 무한대를 지시하며, 그 상태에서 게이트에 "+" 전압을 인가하면 T_1과 T_2 사이가 도통 상태가 되며 게이트 전압을 제거하더라도 도통 상태는 그대로 유지된다(holding). 반대로 리드봉을 접속하고 같은 방법으로 해도 도통한다.

G에 접속시켰다가 떼어 본다.

10 그 밖의 소자

10-1 서미스터(Th)

온도의 변화에 따라 저항값이 변화하는 반도체의 성질을 이용한 감온 소자를 서미스터 (thermistor)라 한다.

서미스터는 니켈(Ni), 망간(Mn), 코발트(Co), 구리(Cu), 철(Fe) 등의 산화물 중에서 2~4가지의 성분을 골라 잘 섞은 후 공기 중에서 1200~1400℃의 온도로 소결한 다음, 천천히 냉각시켜 만든다. 온도가 1℃ 상승할 때 저항값이 4~5 % 정도 감소되는 특성이 있다.

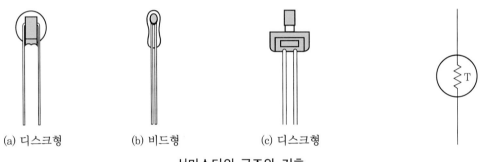

(a) 디스크형   (b) 비드형   (c) 디스크형

서미스터의 구조와 기호

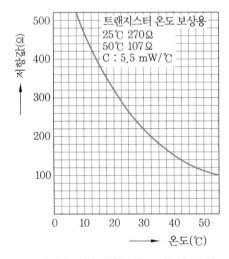

서미스터의 저항 · 온도 특성 곡선

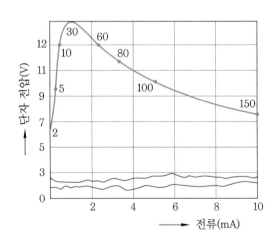

서미스터의 전압 · 전류 특성 곡선

(1) 구조

서미스터에는 **직열형과 방열형** 서미스터가 있는데, 직열형 서미스터는 자체에 흐르는 전류에 의해 가열되어 저항값이 변화하는 것을 이용한 것이다.

방열형 서미스터는 히터에 전류를 흘려서 가열된 감온부의 정한 변화를 이용한 것이다. 소자의 형상에서 로드형, 디스크형, 와셔형, 비드형 등으로 구분된다.

(2) 용도

서미스터는 온도 검출 및 조정, 트랜지스터 회로의 온도 보상, 자동 진폭 조정, 자동 이득 조정 회로에 주로 사용된다.

10-2 배리스터

배리스터(varistor)는 전압에 의해 저항값이 크게 변화하는 가변저항 소자로 variable resistor의 합성어이다.

(1) 구조

탄화규소를 주원료로 한 분말에 탄소나 황토 등을 혼합(3 : 2)하여 소결한 구조의 반도체로 되어 있다. 전압-전류 특성이 대칭인지 비대칭인지에 따라 대칭 배리스터, 비대칭 배리스터로 사용할 수 있다.

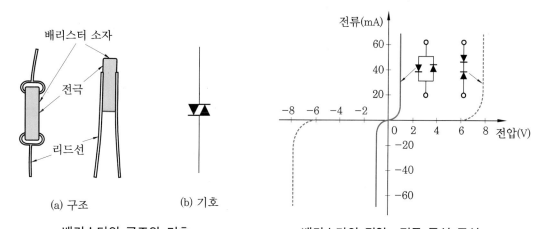

(a) 구조   (b) 기호

배리스터의 구조와 기호   배리스터의 전압·전류 특성 곡선

(2) 용도

대칭형 배리스터는 전압의 변화에 따라 전류가 비직선적으로 변화하기 때문에 릴레이 접점의 불꽃 소거, 이상 전압 보호 회로 등에 사용된다. 비대칭형 배리스터는 실리콘이나 게르마늄의 PN접합으로 되어 있는 다이오드로, 트랜지스터의 온도 보상 회로 등에 사용된다.

10-3 신호 발생기(NE555)

NE555(신호 발생기)는 사인파, 직사각형파 등 전자 회로에 필요한 파형을 발생시키는 집적 회로이다. 신호 발생기는 타이머, 전압 제어 발진기(VCO), 위상 동기 루프(PLL) 등에 널리 사용된다.

NE555 IC는 일반적인 타이머 회로 또는 가장 많이 사용되는 펄스 신호 발생기로, 공급 전원의 범위가 넓고($+5 \sim +18$ V), TTL 디지털 논리 회로와 연산 증폭기에 별도의 인터페이스 없이 접속할 수 있다.

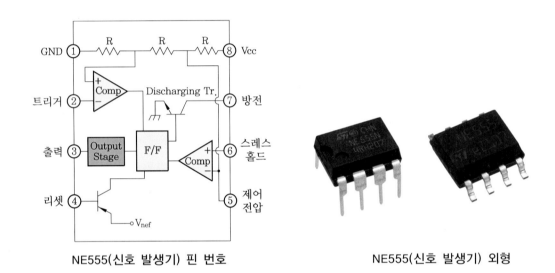

NE555(신호 발생기) 핀 번호   NE555(신호 발생기) 외형

핀번호 설명

❶ GND : - 전원 연결

❷ 트리거 단자 : 트리거 전압이 $\frac{1}{3}$Vcc 이하이며 출력이 high로 반전

❸ 출력(OUT) 단자 : 출력 신호가 나온다.

❹ 리셋 단자 : 트리거 신호와 무관하게 NE555의 동작을 정지시키는 기능을 한다.

❺ 제어 전압 단자 : 트리거 전압, 스레스 홀드 전압의 비교 전압을 바꾸고자 할 경우 사용하지만, 잡음 제거용 커패시터를 연결한다.

❻ 임계 단자

❼ 방전 단자 : 커패시터에 충전된 전압을 방전하기 위한 통로가 된다.

❽ Vcc 단자 : + 전압 연결

• 트리거(trigger)와 임계(threshold)와의 관계 : 트리거 입력 전압은 $\frac{1}{3}$Vcc의 기준 전압을 갖는 비교기에서 비교하고, 임계 입력 전압은 $\frac{2}{3}$Vcc의 기준 전압을 갖는지를 비교기에서 비교하는 기능을 하여, 각각 기준 전압을 유지하기 위해 전압 분해 회로가 내장되어 있어서, 이 2개의 비교기의 출력은 RS 플립플롭의 입력에 연결된다.

10-4 연산 증폭기

연산 증폭기(OP-AMP)는 고이득, 고입력 저항, 저 출력 저항, 넓은 대역폭 등 증폭기의 이상적인 특성을 가진 아날로그 집적 회로이며, 용도가 다양하다. 연산 증폭기는 전압 증폭기, 미분기, 적분기, 비교기, 발진기, 필터 회로, 변복조 회로 등 활용 범위가 매우 넓다.

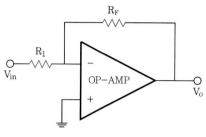

연산 증폭기를 이용한 반전 증폭 회로

10-5 전압 안정화 집적 회로(78MXX)

입력 전압의 변동이나 부하의 변동에 관계없이 일정한 출력 전압을 유지하는 기능을 하는 집적 회로를 정전압 IC 또는 레귤레이터 칩이라고 한다. 가장 대표적인 정전압 IC는 최대 출력 전류 1 A인 78XX, 79XX 시리즈와 출력 전압을 1.2~3.7 V까지 변화시킬 수 있는 최대 출력 전류기 0.5 A인 317이 있다.

⚙ 정전압 IC 실무 지식

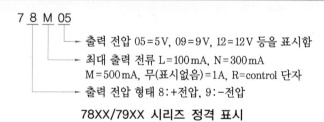

7 8 M 05

- 출력 전압 05=5V, 09=9V, 12=12V 등을 표시함
- 최대 출력 전류 L=100mA, N=300mA
  M=500mA, 무(표시없음)=1A, R=control 단자
- 출력 전압 형태 8:+전압, 9:−전압

78XX/79XX 시리즈 정격 표시

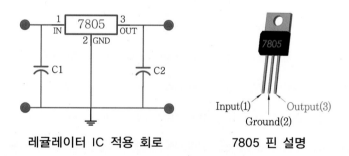

레귤레이터 IC 적용 회로   7805 핀 설명

10-6 LED 디스플레이 (7-segment : FND)

LED 여러 개를 조합하여 숫자나 문자 등의 정보를 표현하게 만든 것으로 7-segment 디스플레이와 도트 매트릭스(dot matrix) 디스플레이가 있다.

(1) 7-segment 디스플레이

7-segment는 가늘고 긴 모양의 발광 부분을 가진 LED 7개를 결합하여 8자형으로 배열한 것으로, 8자형의 각 LED를 선택하여 점멸시킴으로써 0~9까지 또는 16진수의 경우 0~15까지 표시할 수 있도록 한 소자이다. 전원 접속으로 구분하면 공통 애노드(CA : Common Anode)와 공통 캐소드(CC : Common Cathode) 타입이 있다.

다음 그림은 7-segment 디스플레이의 외형과 소자 구성 및 여러 종류의 내부 회로 접속을 나타낸 것이다.

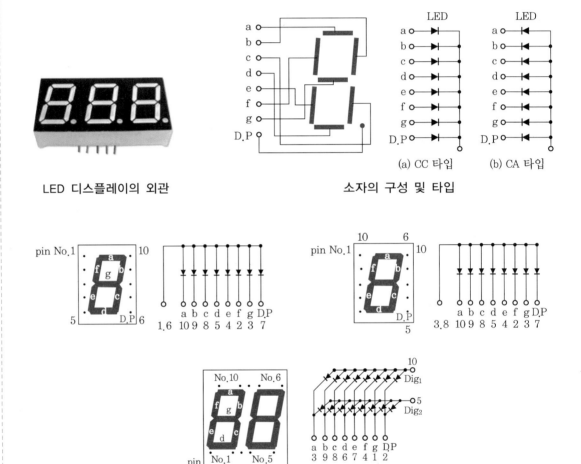

LED 디스플레이의 외관

(a) CC 타입   (b) CA 타입

소자의 구성 및 타입

※ D.P : dot point

7-segment 디스플레이의 내부 접속도

[7-segment 디스플레이 표시법]

7-segment LED를 사용하여 디스플레이 하려면 표시하는 원래의 숫자를 2진수로 바꿔 주는 디코더(decoder) 작용을 이용한다. 이렇게 2진수로 바뀐 신호를 다시 7-segment 디코더로 변환하여 표시하게 한다. 다음 그림은 다이오드 매트릭스를 이용한 표시법과 디코더용 TTL IC를 사용한 방법을 나타낸 것이다.

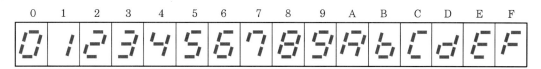

7-segment 디스플레이를 이용한 정보 표시

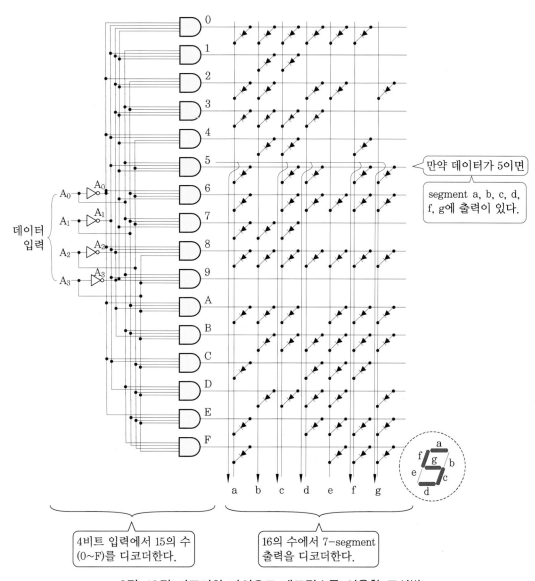

2진-10진 디코더와 다이오드 매트릭스를 이용한 표시법

2진 입력				입력	출력
A_3	A_2	A_1	A_0	16진수	gfedcba
0	0	0	0	0	0111111
0	0	0	1	1	0000110
0	0	1	0	2	1011011
0	0	1	1	3	1001111
0	1	0	0	4	1100110
0	1	0	1	5	1101101
0	1	1	0	6	1111101
0	1	1	1	7	0100111
1	0	0	0	8	1111111
1	0	0	1	9	1101111
1	0	1	0	10	1110111
1	0	1	1	11	1111100
1	1	0	0	12	0111001
1	1	0	1	13	1011110
1	1	1	0	14	1111001
1	1	1	1	15	1110001

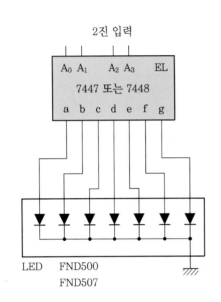

디코더 IC를 사용한 표시법

(2) 도트 매트릭스 디스플레이

도트 매트릭스(dot matrix)란 점(dot)과 행렬(matrix)로 구성되었다는 뜻으로, LED를 가로 및 세로로 배열한 것이다.

다음 그림은 5×7, 즉 가로 5개, 세로 7개, 총 35개의 LED를 같은 간격으로 배열한 형태이며, 종류에는 5×7 dot, 7×10 dot, 8×8 dot, 16×16 dot, 16×32 dot 등이 있다.

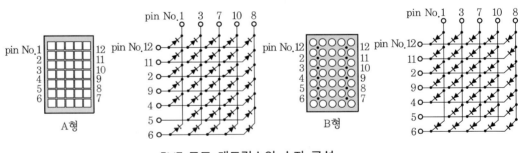

5×7 도트 매트릭스의 소자 구성

도트 매트릭스는 각형과 원형이 있으며, 각형보다는 원형이 시각적으로 더 효과적이다. 또한 LED를 dual color로 하여 전압의 변화 및 신호 입력단자의 선택에 따라 여러 가지 색깔로 표시되도록 한 형태도 있다.

[도트 매트릭스 점등방법]

도트 매트릭스를 모두 점등하려면 35개의 접속 단자가 필요한데, 이는 너무 복잡하므로 배선을 단순하게 하여 점등되도록 한다.

가로 5개가 각각 애노드를 공통으로 하고 세로 7개가 각각 캐소드를 공통으로 접속하여 별도의 컨트롤 회로를 그림과 같이 접속하여 사용한다.

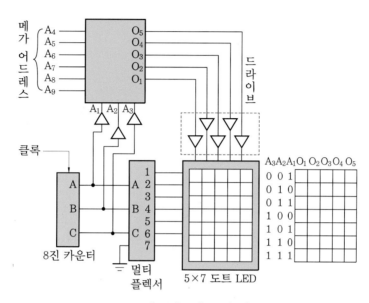

도트 매트릭스의 표시 회로

도트 매트릭스의 응용

$A_9A_8A_7A_6A_5A_4$	XXX000	XXX001	XXX010	XXX011	XXX100	XXX101	XXX110	XXX111
0 0 0 X X X	@	A	B	C	D	E	F	G
0 0 1 X X X	H	I	J	K	L	M	N	□
0 1 0 X X X	P	Q	R	S	T	U	V	W
0 1 1 X X X	X	Y	Z	[	\	]	↑	←
1 0 0 X X X		!	"	#	$	%	&	'
1 0 1 X X X	(	)	※	+	∷	-	:	/
1 1 0 X X X	0	1	2	3	4	5	6	7
1 1 1 X X X	8	9	▦	▦	<	=	>	?

11 ● 전기 전자 소자 문자 – 단위 – 기호 – 기능

11-1   그리스 문자

명 칭	소문자	대문자	명 칭	소문자	대문자
Alpha	α	A	Nu	ν	N
Beta	β	B	Xi	ξ	Ξ
Gamma	γ	Γ	Omicron	o	O
Delta	δ	Δ	Pi	π	Π
Epsilon	ε	E	Rho	ρ	P
Zeta	ζ	Z	Sigma	σ	Σ
Eta	η	H	Tau	τ	T
Theta	θ	Θ	Upsilon	υ	Y
Iota	ι	I	Phi	ϕ	Φ
Kappa	κ	K	Chi	χ	X
Lambda	λ	Λ	Psi	ψ	Ψ
Mu	μ	M	Omega	ω	Ω

11-2   SI 접두어

접두어	기 호	배 수	접두어	기 호	배 수
exa	E	10^{18}	deci	d	10^{-1}
peta	P	10^{15}	centi	c	10^{-2}
tera	T	10^{12}	milli	m	10^{-3}
giga	G	10^{9}	micro	μ	10^{-6}
mega	M	10^{6}	nano	n	10^{-9}
kilo	k	10^{3}	pico	p	10^{-12}
hecto	h	10^{2}	femto	f	10^{-15}
deca	da	10^{1}	atto	a	10^{-18}

11-3 전기 전자 단위 및 환산법

구분	작은 값의 단위				기본 단위	큰 값의 단위			
	10^{-12}	10^{-9}	10^{-6}	10^{-3}		10^{3}	10^{6}	10^{9}	10^{12}
전압 (voltage)	pV	nV	μV	mV	V [volt]	kV	MV	−	−
전류 (electric current)	pA	nA	μA	mA	A [ampere]	kA	−	−	−
전기저항 (electric resistance)	−	−	−	mΩ	Ω [ohm]	kΩ	mΩ	−	−
정전용량 (electrostatic capacity)	pF	nF	μF	−	F [farad]	−	−	−	−
인덕턴스 (inductance)	−	−	−	mH	H [henry]	−	−	−	−
주기 (period)	ps	ns	μs	ms	s [second]	−	−	−	−
주파수 (frequency)	−	−	−	−	Hz [hertz]	kHz	mHz	GHz	THz
전력 (electric power)	−	−	−	mW	W [watt]	kW	MW	−	−
전력량 (electric power capacity)	−	−	−	−	Wh [watt hour]	kWh	−	−	−
피상전력 (apparent power)	−	−	−	−	VA [volt ampere]	kVA	−	−	−
무효전력 (reactive power)	−	−	−	−	Var [volt ampere reactive]	kVar	−	−	−
자속 (magnetic flux)	−	−	−	−	Wb [weber]	−	−	−	−
광속 (luminous flux)	−	−	−	−	lm [lumen]	−	−	−	−
광도 (intensity of light)	−	−	−	−	cd [candela]	−	−	−	−
조도 (intensity of illumination)	−	−	−	−	lx [lux]	−	−	−	−
압력 (pressure)	−	−	−	−	Pa [pascal]	kPa	MPa	GPa	−
열량 (calorific value)	−	−	−	−	cal [calori]	kcal	−	−	−
저항률 (resistivity)	−	−	$\mu\Omega\cdot$m	−	$\Omega\cdot$m [ohm per meter]	−	−	−	−
전도율 (conductivity)	−	−	−	−	$\Omega\cdot$m [mho per meter]	−	−	−	−

11-4 전류 명칭과 기호

명 칭	기 호	비 고
직류(DC) (direct current)		 Ⓐ 직류 전류계  Ⓖ 직류 발전기
교류(AC) (alternate current)		 Ⓐ 교류 전류계  Ⓖ 교류 발전기

11-5 수동 소자 명칭 및 기호

명 칭	기 호	비 고
저항(R) (resistor)	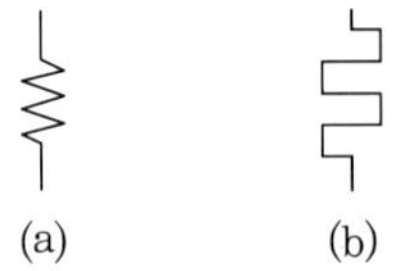 (a) (b)	(a) 유도 저항 (b) 무유도 저항
가변저항(VR) (variable resistor)	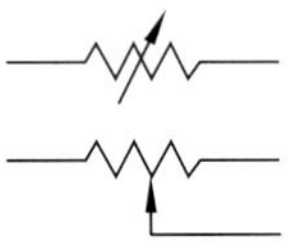	저항값의 연속적 변화
반고정 저항 (semi-VR)		저항값의 연속적 변화(조정 또는 세팅)
인덕턴스 (inductance)	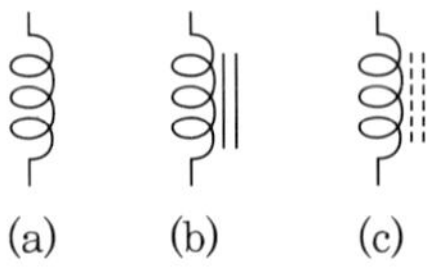 (a) (b) (c)	(a) 공심인 경우 (b) 철심이 들어 있는 경우 (c) 압분 철심이 들어 있는 경우

11-6 전원 장치 명칭 및 기호

명 칭	기 호	비 고
(a) 전압원 (b) 전류원	독립 전압원 v_s i_s 독립 전류원 (a)　(b)	• 전압 또는 전류를 공급 • 이상적인 전압원은 내부 임피던스가 없는 발전기 • 이상적인 전류원은 내부 어드미턴스가 없음
전 지 (dry cell)	(a) (b) (c) (d)	(a) 극성 : 긴 선을 +, 짧은 선을 − (b) 혼돈하기 쉬운 경우 (c) 다수를 연결할 경우 (d) 가변 전압일 경우
교류전원	∿	상수, 주파수 및 전압 표시 3~60 Hz, 220 V
정류기 (rectifier)	▶⊢	화살표는 전류의 방향
전원 플러그 (plug)	(a)　(b)	(a) 단상 플러그 (b) 삼상 플러그
차 폐 (shield)	-------	전자회로에서 방사되는 EMI 등의 전자파 방사를 차단하는데 사용
개폐기	(a)　(b)	(a) 단극 스위치(1P) (b) 2극 스위치(2P)
수동접점 (manual contact)	(a)　(b)	손으로 넣고 끊는 것 ⓐ접점 : make 접점, normal open(NO) ⓑ접점 : brake 접점, normal close(NC)
수동조작 자동복귀 접점	(a)　(b)	손을 떼면 복귀하는 접점 (누름형과 당김형이 있음) ⓐ접점 : make 접점, normal open(NO) ⓑ접점 : brake 접점, normal close(NC)
계전기 접점 보조개폐기 접점	(a)　(b)	ⓐ접점 : make 접점, normal open(NO) ⓑ접점 : brake 접점, normal close(NC)
한시계전기 접점	(a)　(b)　(c)　(d)	(a) 한시 ⓐ접점 (b) 한시복귀 ⓐ접점 (c) 한시 ⓑ접점 (d) 한시복귀 ⓑ접점

명 칭	기 호	비 고
회전개폐기		로터리(rotary) 스위치
퓨즈 (fuse)	(a)　(b)　　(c)	(a) 개방 퓨즈 (b) 포장 퓨즈 (c) 경보 퓨즈
램 프 (lamp)	(a)　⊗　　RL (b)　○　　○	• (a)의 색 명시는 컬러 코드로 한다. 　C_2−적, C_3−황적, C_4−황 　C_5−녹, C_6−청, C_9−백 • (a)의 종류는 옆에 기호로 표시한다. 　Ne−네온, El−일렉트로 루미네선스, Xe−크세논 　Na−나트륨, ARC−아크, Hg−수은, FL−형광 　IR−적외, IN−백열, UV−자외 • (b)의 색 구별은 약어를 사용한다. 　RL−적색, OL−황색, YL−황색, GL−녹색 　BL−청색, WL−백색, TL−투명
피뢰기 (lightning conductor)		전력 계통에 발생 또는 유도된 이상 전압의 파곳 값을 저감시키기 위해 에너지의 일부 또는 전부를 방전
방전 캡 (discharge cap)		역방향 전압이 일정 전압(V_z) 이상이 되면 항복을 일으켜 전류가 대폭 증가하는 것
안테나 (antenna)	(a)　　(b)	(a) 일반 안테나 (b) 루프 안테나
스피커 (speaker)	(a)　　(b)	(a) 일반 스피커 (b) 다이내믹 스피커
수화기 (헤드폰) (headphone)	(a)　　(b)	(a) 수화기 기호 (b) 헤드폰
2선 잭 3선 잭	(a)　　(b)	(a) 2선 잭 (b) 3선 잭(스테레오 잭)
일반 잭		
계전기 코일 (relay coil)	(a)　　(b)	• 단권 선　　　　• 복권 선

11-7 반도체 소자 명칭과 기호

명 칭	약 호	기 호	비 고
다이오드 (diode)	D	A ○—▶|—○ K	• 극성 : A-anode, K-cathode • 용도 : 정류 및 검파
가변용량 다이오드 (varator)	VD		• 극성 : A-anode, K-cathode • 용도 : 동조
제너 다이오드 (zener diode)	ZD		• 극성 : A-anode, K-cathode • 용도 : 정전압 • 정전압 다이오드
터널 다이오드 (tunnel diode, esaki diode)	TD/ED		• 극성 : A-anode, K-cathode • 용도 : 마이크로파 발진 • 에사키 다이오드(esaki diode)
발광 다이오드 (light emission diode)	LED		• 극성 : A-anode, K-cathode • 용도 : 표시기
포토 다이오드 (photo diode)	PD		• 극성 : A-anode, K-cathode • 용도 : 광 검출, 광 스위치
브리지 다이오드 (bridge diode)	DB		• 용도 : 다이오드 4개를 브리지 접 속하여 전파 정류를 할 수 있도록 한 소자
트랜지스터 (transistor)	TR	NPN C PNP C B B E E	• 극성 : B-base, C-collector 　　　　E-emitter • 용도 : 증폭, 발진, 변조, 스위칭
포토트랜지스터 (photo transistor)	photo TR	C E	• 용도 : 광 검출, 광 스위치
단접합 트랜지스터 (uni-junction transistor)	UJT	B₂ E B₁	• 극성 : B_1-base1, B_2-base2 　　　　E-emitter • 용도 : 발진
접합형 전계효과 트랜지스터(junc tion-field effect TR)	J-FET	N-ch D P-ch D G G S S	• 극성 : G-gate, D-drain 　　　　S-source • 용도 : 증폭, 발진, 변조, 스위칭

명 칭	약 호	기 호	비 고
MOS형 전계효과 트랜지스터 (MOS-field effect TR)	MOS-FET	N-ch P-ch D D G_1 G_1 G_2 G_2 S S	• 극성 : G_1-gate1, D-drain S-source, G_2-gate2 • 용도 : 증폭, 발진, 변조, 스위칭
실리콘 제어 정류기 (silicon controlled rectifire)	SCR	A K G	• 극성 : G-gate, A-anode K-cathode • 용도 : 단방향성 전력 제어 소자
다이액 (diode AC switch)	DIAC	T_2 T_1	• 용도 : 트리거 소자(쌍방향)
트라이액 (triode AC switch)	TRIAC	T_2 T_1 G	• 극성 : G-gate, T_1, T_2 • 용도 : 쌍방향성 전력 제어 소자
포토 SCR (light active SCR)	LA-SCR	A K G	• 극성 : G-gate, A-anode C-cathode • 용도 : 단방향성 전력 제어 소자
실리콘 대칭 스위치 (silicon bilaterial switch)	SBS	T_1 T_2 G	• 극성 : G-gate, T_1, T_2 • 용도 : 트리거 소자(쌍방향)
프로그래머블 단접합 트랜지스터 (programmable UJT)	PUT	A K G	• 극성 : G-gate, A-anode K-cathode • 용도 : 트리거 소자
직열형 서미스터	Th	Th	온도 변화에 따라 저항값이 변화하는 소자
방열형 서미스터			※ 온도가 올라가면 저항값이 작아진다.
배리스터 (varistor)	VR	VR (a) (b)	(a) 대칭형 (b) 비대칭형 전압 변화에 따라 저항값이 변화하는 소자
광도전셀 (photo conductive cell)	CdS		빛에 의해 저항값이 변화하는 소자

12 ● 논리 소자 기호와 명칭

명 칭	기 호	비 고	명 칭	기 호	비 고
AND	A—B—Y	논리곱 회로	NAND	A—B—Y	논리곱 부정 회로
OR	A—B—Y	논리합 회로	NOR	A—B—Y	논리합 부정 회로
buffer	▷	버 퍼	NOT	A—X	부정 (인버터) 회로
exclusive OR (XOR) (EX—OR)	A—B—Y	배타적 논리합 회로	exclusive NOR (XNOR) (EX—NOR)	A—B—Y	배타적 논리합 부정회로
RS—FF	R Q / S $\overline{Q}$	reset & set flip flop	JK—FF	J Q / CK / K $\overline{Q}$	jack & king flip flop
T—FF	T Q / CK $\overline{Q}$	toggle flip flop	D—FF	D Q / CK $\overline{Q}$	data (deley) flip flop
HA	A—HA—S / B—C_o	반가산기 (half adder)	FA	A—FA—S / B—C_i—C_o	전가산기 (full adder)
HS	A—HS—D / B—B_o	반감산기 (half subtracter)	FS	A—FS—D / B—B_i—B_o	전감산기 (full subtracter)

>>> 계측기 사용법 실습 과제

❖ 실습 1

작품명		부품 읽기(저항, 마일러 콘덴서)		

실습 목표	제시된 부품을 읽고 활용할 수 있다.					
작업 부품	명칭	규격	수량	명칭	규격	수량
	저항	각종	각 1	탄탈 콘덴서	각종	각 1
	마일러 콘덴서	각종	각 1	전해 콘덴서	각종	각 1
	세라믹 콘덴서	각종	각 1	반고정 저항	각종	각 1
작업 기기	명칭	규격	수량	명칭	규격	수량
	회로 시험기	VOM	1	직류 전원 장치	1A, 0~30V	1

작업 부품

※ 다음 부품을 읽고 그 값을 기재하시오.

부품 명칭	저항	저항	저항	저항	저항
부품 실물					
부품값	[단위]	[단위]	[단위]	[단위]	[단위]

※ 다음 부품을 읽고 콘덴서의 명칭과 그 값을 기재하시오.

부품 명칭	( ) 콘덴서	( ) 콘덴서	( ) 콘덴서	( ) 콘덴서	( ) 콘덴서
부품 실물	2A202J	2A103J	2A223J	2A334J	2A555J
부품값	0.002[단위]	0.01[단위]	0.022 [단위]	0.33 [단위]	5.5 [단위]

평가

• 작품과 실습 지시서를 반드시 제출하고 점검받기 바랍니다.

구분	평가 요소	평가 결과			득점
		상	중	하	
보고서 평가 (I)	• 정상적으로 부품을 판독하였는가?	30	24	18	
	• 요구된 데이터가 정확한가?	20	16	12	
보고서 평가 (II)	• 정상적으로 부품을 측정하였는가?	20	16	12	
	• 요구된 데이터가 정확한가?	20	16	12	
작업 평가	• 실습실 안전 수칙을 잘 준수하였는가?	5	4	3	
	• 마무리 정리 정돈을 잘 하였는가?	5	4	3	

마무리	1. 본 결과물을 절취하여 제출한다. 2. 실습 장소를 깨끗이 정리 정돈하고 청소를 실시한다. 3. 위험 요소가 남아 있지 않은지 최종적으로 확인한다.

❖ 실습 2

작품명	부품 읽기(세라믹, 탄탈, 전해 콘덴서)			

<table>
<tr><td colspan="6">※ 다음 부품을 읽고 콘덴서의 명칭과 그 값을 기재하시오.</td></tr>
<tr><td>부품 명칭</td><td>(세라믹) 콘덴서</td><td>(　) 콘덴서</td><td>(　) 콘덴서</td><td>(　) 콘덴서</td><td>(　) 콘덴서</td></tr>
<tr><td>부품 실물</td><td>222K</td><td>333K</td><td>444K</td><td>205K</td><td>205K</td></tr>
<tr><td>부품값</td><td>2200pF±10%</td><td>[단위]</td><td>[단위]</td><td>[단위]</td><td>[단위]</td></tr>
</table>

<table>
<tr><td colspan="5">※ 다음 부품을 읽고 콘덴서의 명칭과 그 값을 기재하시오.</td></tr>
<tr><td>부품 명칭</td><td>(탄탈) 콘덴서</td><td>(　) 콘덴서</td><td>(　) 콘덴서</td><td>(　) 콘덴서</td></tr>
<tr><td>부품 실물</td><td>47μF35</td><td>55μF45</td><td>34μF34</td><td>23μF32</td></tr>
<tr><td>부품값</td><td>용량 : 47μF/내압 35</td><td></td><td></td><td></td></tr>
</table>

<table>
<tr><td colspan="6">※ 다음 부품을 읽고 콘덴서의 명칭과 그 값을 기재하시오.</td></tr>
<tr><td>부품 명칭</td><td>(전해) 콘덴서</td><td>(　) 콘덴서</td><td>(　) 콘덴서</td><td>(　) 콘덴서</td><td>(　) 콘덴서</td></tr>
<tr><td>부품 실물</td><td>220μF50V</td><td>50μF45V</td><td>210μF50V</td><td>100μF50V</td><td>100μF50V</td></tr>
<tr><td>극성</td><td>(○ □)</td><td>(○ □)</td><td>(○ □)</td><td>(○ □)</td><td>(○ □)</td></tr>
<tr><td>부품값</td><td>[단위]</td><td>[단위]</td><td>[단위]</td><td>[단위]</td><td>[단위]</td></tr>
</table>

작업 부품

평가

• 작품과 실습 지시서를 반드시 제출하고 점검받기 바랍니다.

구분	평가 요소	평가 결과			득점
		상	중	하	
보고서 평가 (Ⅰ)	• 정상적으로 부품을 판독하였는가?	30	24	18	
	• 요구된 데이터가 정확한가?	20	16	12	
보고서 평가 (Ⅱ)	• 정상적으로 부품을 측정하였는가?	20	16	12	
	• 요구된 데이터가 정확한가?	20	16	12	
작업 평가	• 실습실 안전 수칙을 잘 준수하였는가?	5	4	3	
	• 마무리 정리 정돈을 잘 하였는가?	5	4	3	

마무리

1. 본 결과물을 절취하여 제출한다.
2. 실습 장소를 깨끗이 정리 정돈하고 청소를 실시한다.
3. 위험 요소가 남아 있지 않은지 최종적으로 확인한다.

❖ 실습 3

작품명	부품 읽기(반고정 저항)				

	※ 다음 부품을 읽고 그 값을 기재하시오.				
	부품 명칭	반고정 저항	반고정 저항	반고정 저항	반고정 저항	반고정 저항
작업 요구 사항	부품 실물					
	부품값	[단위]	[단위]	[단위]	[단위]	[단위]

	※ 다음 반고정 저항의 숫자를 읽고 그 값을 기재하시오.				
	부품 명칭	반고정 저항	반고정 저항	반고정 저항	반고정 저항	반고정 저항
	부품 실물					
	부품값	[단위]	[단위]	[단위]	[단위]	[단위]

평가

- 작품과 실습 지시서를 반드시 제출하고 점검받기 바랍니다.

구분	평가 요소	평가 결과			득점
		상	중	하	
보고서 평가 (I)	• 정상적으로 부품을 판독하였는가?	30	24	18	
	• 요구된 데이터가 정확한가?	20	16	12	
보고서 평가 (II)	• 정상적으로 부품을 측정하였는가?	20	16	12	
	• 요구된 데이터가 정확한가?	20	16	12	
작업 평가	• 실습실 안전 수칙을 잘 준수하였는가?	5	4	3	
	• 마무리 정리 정돈을 잘 하였는가?	5	4	3	

마무리

1. 본 결과물을 절취하여 제출한다.
2. 실습 장소를 깨끗이 정리 정돈하고 청소를 실시한다.
3. 위험 요소가 남아 있지 않은지 최종적으로 확인한다.

비고

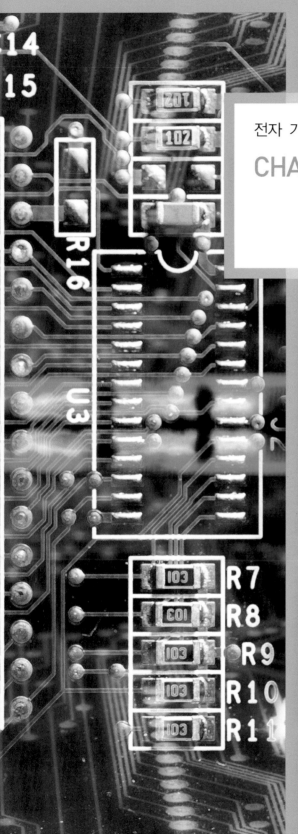

전자 기초 실기/실습

CHAPTER

02

측정기 사용법

1 ●─ 회로 시험기

회로 시험기(multi-circuit tester)는 하나의 기기로 여러 가지 측정을 할 수 있는 측정기로, **멀티 미터**(multi-meter) 또는 **멀티 테스터**(multi-tester)라고 한다.

직류·교류 전압, 직류전류, 저항, 트랜지스터의 극성 및 양부 판별, 데시벨 측정 등이 가능하다.

1-1 각 부위별 명칭

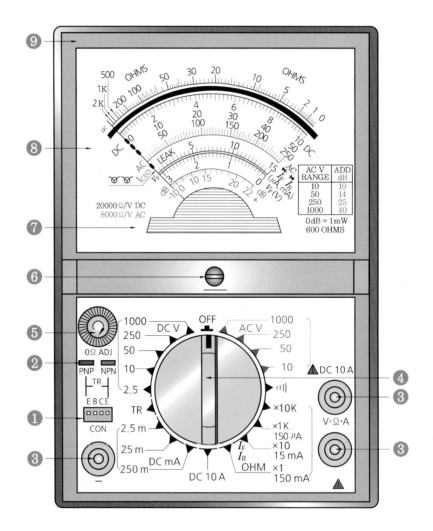

회로 시험기의 부위별 명칭

❶ **트랜지스터 검사 소켓** : 트랜지스터 검사 시 소켓에 표시된 극성에 시험할 트랜지스터의 극성을 맞추어 삽입한다.

❷ **트랜지스터 판정 지시 장치**

㈎ 적색과 녹색 LED로 되어 있다.

㈏ 적색 LED가 켜지면 정상 PNP 트랜지스터이고, 녹색 LED가 켜지면 정상 NPN 트랜지스터이다.

㈐ 2개의 LED가 점멸되면 트랜지스터의 단선이고, 2개의 LED가 점멸되지 않으면 컬렉터 – 이미터 간의 단락이다.

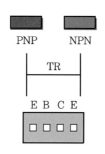

트랜지스터 판정 지시 장치

❸ **입력 소켓**

㈎ COM : 흑색 시험봉 소켓으로 (–) 단자이다.

㈏ V · Ω · A : 적색 시험봉 소켓으로 (+) 단자이다.

㈐ DC 10 A : 적색 시험봉 소켓으로 (+) 단자이며 직류전류 10 A 이하 측정 시 사용한다.

❹ **레인지 선택 스위치(range select switch)** : 측정범위를 선택하는 스위치로 20단계의 선택이 가능하다.

㈎ OFF : 회로 시험기 내의 전원 및 측정기능을 중지시킬 때 선택하는 위치이다.

㈏ DCV : 직류전압 측정범위의 선택 스위치로 2.5, 10, 50, 250, 1000 V를 측정할 수 있다.

㈐ TR : 트랜지스터의 극성 및 양부 판정 시 선택하는 스위치이다.

㈑ DC mA : 직류전류 측정범위의 선택 스위치로 2.5, 25, 250 mA를 측정할 수 있다.

㈒ DC A : 직류전류 10 A 측정범위의 선택 스위치로 적색 시험봉을 입력 소켓 DC 10 A에 바꿔서 삽입하고 측정해야 한다.

㈓ OHM : 저항 측정범위의 선택 스위치로 ×1, ×10, ×1 K, ×10 K를 측정할 수 있다.

㈔ ㅣㅣ)│: buzzer 기능을 나타내는 것으로, 도통 check 시 삐~ 하는 음으로 도통 유무를 확인할 수 있다.

㈕ AC V : 교류전압 측정범위의 선택 스위치로 10, 50, 250, 1000 V를 측정할 수 있다.

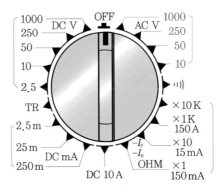

레인지 선택 스위치

❺ 0Ω ADJ ("0"옴 조정기) : 저항 측정 시 저항 측정 눈금을 "0" 위치에 정확히 오도록 조정하는 조정기이다. 레인지 선택 스위치를 "OHM"의 각 위치에 놓은 후 적색, 흑색 두 시험봉의 탐침을 단락시키고 조정기를 좌우로 돌려 정확히 "0" 위치에 오도록 한다.

❻ 지침 0 위치 조정기 : 측정 전, 지침이 왼쪽 "0"점의 위치에 있는지 반드시 확인하고 필요시 (－) 드라이버를 사용하여 조정한다.

❼ 내장형 가동 코일형 미터 : 측정값에 따른 지침의 위치를 이동시키기 위한 장치이다.

❽ 눈금판

㈎ OHMS : 저항 측정 눈금. 눈금판의 맨 위에 위치, 0에서 ∝까지의 검은색 로그 눈금으로 되어 있다. 레인지 선택 스위치의 위치에 따라 읽는 값이 달라진다.

㈏ DC : 직류전압·전류 표시 눈금. 저항 눈금 아래에 위치, 0~10, 0~50, 0~250의 검은색 균등 눈금으로 되어 있다. 레인지 선택 스위치의 위치에 따라 읽는 값이 달라진다.

㈐ AC : 교류전압 표시 눈금. DC 눈금. 아래 위치, 0~10, 0~50, 0~250의 빨간색 균등 눈금으로 되어 있다. 레인지 선택 스위치의 위치에 따라 읽는 값이 달라진다.

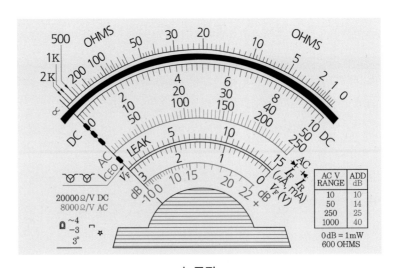

눈금판

1-2 측정 방법

⚙ 사용 시 주의사항

- 고압 측정 시 계측기 사용 안전규칙을 준수한다.
- 측정하기 전에 지침이 "0" 점에 있는지 확인한다.
- 측정하기 전에 레인지 선택 스위치와 시험봉이 적정 위치에 있는지 확인한다.
- 측정 위치를 모르면 가장 높은 레인지에서부터 선택한다.
- 측정이 끝나면 피측정체의 전원을 끄고 반드시 레인지 선택 스위치를 OFF에 둔다.

(1) 직류전압 측정

① 흑색 시험봉을 COM (−) 입력 소켓에, 적색 시험봉을 V · Ω · A (+) 입력 소켓에 삽입하고 레인지 선택 스위치를 DC V 측정 레인지에 위치한다.

② 측정하려는 **직류전원의 (+)에 적색 시험봉**을, **(−)에 흑색 시험봉**의 탐침을 접촉한다.

③ 지침이 위치한 눈금판의 흑색 직류 전용 눈금선에서 지시값을 읽는다.

④ 10, 50, 250이 레인지 선택에서는 눈금판의 해당 눈금을 직접 읽는다. 2.5는 250눈금선을 100으로 나누고 1000은 10눈금선에 100을 곱한다.

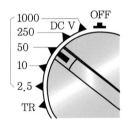

직류전압 측정

예 만일 지침이 "4"에 위치한다면 레인지 선택 스위치의 위치에 따라 DC V 2.5 위치에서는 0~250 스케일로 보면 100이 되므로, 이 지침의 값을 1/100로 하여 읽는다. 즉 눈금 스케일을 0~2.5로 인식하고 읽으면 된다. $100 \times 2.5 \times 1/100 = 1 V$
- DC V 10 위치에서는 0~10 스케일로 보면 4가 되므로, 이 지침의 값을 그대로 읽는다.
  $4 \times 1 = 4 V$
- DC V 50 위치에서는 0~50 스케일로 보면 20이 되므로, 이 지침의 값을 그대로 읽는다.
  $20 \times 1 = 20 V$
- DC V 250 위치에서는 0~250 스케일로 보면 100이 되므로, 이 지침의 값을 그대로 읽는다.
  $100 \times 1 = 100 V$
- DC V 1000 위치에서는 0~10 스케일로 보면 4가 되고, 이 지침의 값을 ×100으로 하여 읽는다. 즉 눈금 스케일을 0~1000으로 인식하고 읽으면 된다.
  $4 \times 100 = 400 V$

(2) 교류전압 측정

① 측정순서는 직류와 동일하나 레인지 선택 스위치는 AC V 측정 레인지에 놓는다.

② 측정하고자 하는 교류전원에 시험봉의 탐침을 접촉 또는 접속한다.

③ 눈금판의 적색 교류 전용 눈금선에서 지시값을 읽는다.

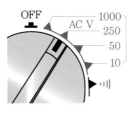

교류전압 측정

예 만일 지침이 "4"에 위치한다면 레인지 선택 스위치의 위치에 따라 − AC 10 위치에서는 0~10 스케일로 보면 4가 되므로, 이 지침의 값을 그대로 읽는다. 즉 눈금 스케일을 0~10으로 인식하고 읽으면 된다.

• $4 \times 1 = 4\,V$

> **주의**
>
> 교류 측정 시 교류 레인지에서 직류분이 유입될 수 있으므로 순수 교류분인지 확인하기 위해 입력단자와 시험선 간에 콘덴서를 삽입시켜 직류분을 배제함으로써 순수 교류의 유무를 확인할 수 있다.

(3) 데시벨(dB) 측정

① 교류전압 측정 레인지에서 전력 손실 및 이득분을 측정할 수 있다.

② 데시벨(dB) $= 10 \log \dfrac{POWER_1}{POWER_2}$ 또는 $20 \log \dfrac{E_1}{E_2} \,(R_1 = R_2$일 때)

③ 측정기는 1 mV 600 Ω 0 dB로 교정되어 있으므로 $20 \log \dfrac{E_1(\text{지시값})}{0.774V}$ dB

600 OHM에서 측정되는 E_1 전압을 각 교류전압 레인지에서 읽으면 눈금선은 교정된 dB 지시값을 직접 측정할 수 있다. 이 dB 눈금선은 교류 10 V에서만 직접 측정할 수 있으며 다른 교류 레인지에서는 다음 표를 이용하여 지시값에서 더한다.

데시벨(dB) 측정

교류전압	데시벨
10 V	눈금판에서 직접 읽음
50 V	+14 dB
250 V	+28 dB
1000 V	+40 dB

(4) 저항 측정

① 레인지 선택 스위치를 OHM 측정 레인지에 놓는다.

② 흑색 시험봉을 COM (−) 입력 소켓에, 적색 시험봉을 V·Ω·A (+) 입력 소켓에 삽입한다.

③ 시험봉의 탐침을 상호 접촉시켜 지침이 저항 눈금선의 "0"에 정확히 오도록 0 Ω ADJ ("0"옴 조정기)를 조정한다.

④ 측정하고자 하는 저항값을 시험봉에 접촉 또는 접속시켜 저항값을 읽는다. 이때 선택된 저항 레인지에 표기된 수치만큼 지시값에 곱한다.

$$측정값 = 지침의 \ 위치 \times 레인지 \ 선택 \ 스위치의 \ 값$$

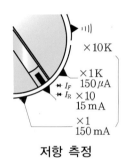

저항 측정

> **주의**
>
> 저항 측정 시 측정회로에 전원이 투입된 상태에서 측정을 하면 계기가 파손 또는 소손될 수 있다.

예 만일 지침이 OHMS "20"에 위치한다면 레인지 선택 스위치의 위치에 따라 다음과 같다.

- 20×1 = 20 Ω
- 20×10 = 200 Ω
- 20×1 K = 20 kΩ
- 20×10 K = 200 kΩ

참고 0 Ω ADJ를 시계 방향으로 돌려도 "0" 눈금에 오지 않으면 저항 측정용 건전지 수명이 다된 것이므로 ×1, ×10, ×1 K에서는 1.5 V 건전지 2개를, ×10 K에서는 9 V 건전지 1개를 교체한다.

(5) 직류전류 측정

① 흑색 시험봉을 COM (−) 입력 소켓에, 적색 시험봉을 V·Ω·A (+) 입력 소켓에 삽입한다.

② 레인지 선택 스위치를 DC mA 측정 레인지에 위치한다.

③ 측정하고자 하는 곳의 전원을 차단하고 측정기와 직렬로 연결한다.

④ 이때 지침이 위치한 눈금판의 흑색 직류 전용 눈금선에서 지시값을 읽는다.

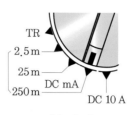

저항 측정

예 직류전류의 경우

만일 지침이 "4"에 위치한다면 레인지 선택 스위치의 위치에 따라 — DC mA 2.5 위치에서는 0~250 스케일로 보면 100이 되므로, 이 지침의 값을 1/100로 하여 읽는다. 즉 눈금 스케일을 0~2.5로 인식하고 읽으면 된다.
- DC mA 2.5에 위치했을 때 : $100 \times 1/100 = 1\,mA$
- DC mA 25에 위치했을 때 : $100 \times 1/10 = 10\,mA$
- DC mA 250에 위치했을 때 : $100 \times 1 = 100\,mA$

(6) DC 10A 측정

① 흑색 시험봉을 COM (−) 입력 소켓에 삽입하고 적색 시험봉을 DC 10 A (+) 입력 소켓에 삽입한다.
② 레인지 선택 스위치를 10 A에 놓는다.
이하 직류전류 측정방식에 따라 행한다.

(7) 트랜지스터 양부 판정 및 극성 측정

① 레인지 선택 스위치를 TR에 놓는다.
② 시험할 트랜지스터를 TR 소켓의 이미터(E), 베이스(B), 컬렉터(C)의 극성에 맞추어 삽입한다.
③ LED가 작동되기 시작하면 다음 사항을 보고 판독한다.
　㈎ 적색 LED가 켜지면 정상 PNP 트랜지스터이다.
　㈏ 녹색 LED가 켜지면 정상 NPN 트랜지스터이다.
　㈐ 적색, 녹색 LED가 점멸되면 측정 트랜지스터가 개방된 불량이다.
　㈑ 적색, 녹색 LED가 꺼진 상태면 트랜지스터가 단락된 불량이다.

(8) 다이오드 및 LED 극성 및 양부 측정

① 흑색 시험봉을 COM (−) 입력 소켓에, 적색 시험봉을 V·Ω·A (+) 입력 소켓에 삽입한다.

② 레인지 선택 스위치를 OHMS 레인지의 ×1 K(0~150 μA 또는 ×10(0~15 mA))에 위치한다.

③ 흑색 시험봉의 탐침을 다이오드의 애노드에, 적색 시험봉의 탐침을 다이오드의 캐소드에 접속시켜 다이오드의 순방향 전류(I_F)를 I_F, I_F 눈금판에서 판독한다.

> **참고** 최대 지시값에 가까운 지시이면 양품이다.

④ 적색 시험봉의 탐침을 다이오드의 애노드에, 흑색 시험봉의 탐침을 다이오드의 캐소드에 접속시켜 다이오드의 역방향 전류(I_R)를 I_F, I_R 눈금판에서 판독한다.

> **참고** 왼쪽 지침이 "0"점에 가까우면 양품이다.

⑤ 순방향 전류(I_F) 판독 시 눈금판의 V_F 눈금을 동시에 판독하면 바로 시험 다이오드의 순방향 전압을 알 수 있다.

> **참고** 일반적으로 게르마늄 다이오드는 0.1~0.2 V, 실리콘 나이오느는 0.5~0.8 V를 지시한다.

(9) 트랜지스터의 누설전류 측정

① 레인지 선택 스위치가 중소형 트랜지스터일 경우 저항 레인지의 ×10에, 대형 트랜지스터일 경우 ×1에 둔다.

② 트랜지스터가 NPN인 경우 COM (−)에 삽입된 흑색 시험봉에 컬렉터를, V·Ω·A (+)에 삽입된 적색 시험봉에 이미터를 연결한다.
PNP일 경우 COM (−)에 삽입된 흑색 시험봉에 이미터를, V·Ω·A (+)에 삽입된 적색 시험봉에 컬렉터를 연결한다.

③ 눈금판의 I_{CEO} 눈금선에 지침이 올 때 Si 트랜지스터인 경우에는 정상이다.

④ Ge 트랜지스터는 소형은 0.1~2 mA를, 대형은 1~5 mA의 누설전류를 지시한다.

2 오실로스코프

오실로스코프(oscilloscope)는 매우 유용한 전자 측정장치로, 미지 입력신호의 세기 시간의 정확한 측정 및 파형 간의 시간 관계를 스크린 상에 나타내며 전원부, 수직축 증폭부, 수평축 증폭부, 시간축 발진부, CRT(cathode ray tube) 등으로 구성되어 있다.

소인 발진기(sweep generator)나 마커 발진기(maker generator), 함수 발진기(function generator) 등과 조합하여 전자회로의 동작 파형의 측정, 조정, 고장 점검에 사용한다.

2-1 각 부위별 명칭

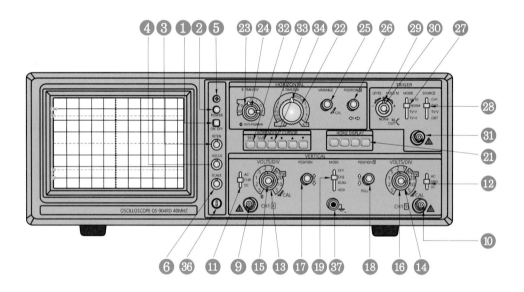

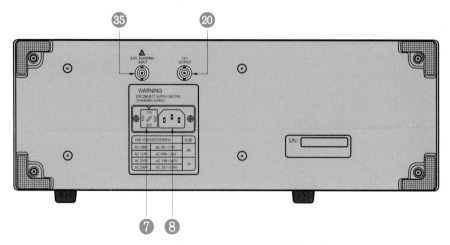

오실로스코프의 각 부위별 명칭

(1) 화면조정과 전원부

❶ POWER(전원) 스위치 : 오실로스코프를 동작하기 위한 전원 입력 스위치이다.

❷ POWER(전원) 램프 : 시계 방향으로 돌리면 밝기가 증가한다.

❸ INTENSITY(휘도 조정) : CRT의 밝기(휘도)를 조절한다.

❹ FOCUS(초점 조정) : 소인선이 가장 가늘고 선명하도록 조정한다.

❺ TRACE ROTATION : 소인선이 CRT의 수평선과 일치하도록 조정한다.

❻ SCALE ILLUM(눈금 조명) : 눈금의 밝기를 조절하며 어두운 곳에서 관측할 때
나 화면의 사진촬영을 할 때 사용한다.

❼ 전압 선택 스위치 : 사용 전원에 맞도록 선택하여 사용한다.

❽ 전원 커넥터 : AC전원 코드를 사용할 때 연결과 제거를 한다.

(2) 수직 증폭부

❾ CH1 X IN(CH1 입력) : 프로브(probe)를 통한 입력 신호를 CH1 수직 증폭부로 연결하
며, X－Y 동작 시 X축 신호가 된다.

❿ CH2 Y IN (CH2 입력) : 프로브(probe)를 통한 입력 신호를 CH2 수직 증폭부로 연결하
며, X－Y 동작 시 Y축 신호가 된다.

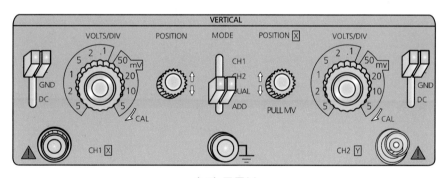

수직 증폭부

⓫, ⓬ 입력 선택 스위치 : 입력 신호와 수직 증폭단의 연결방법을 선택할 때 사용한다.
 ㈎ AC : 입력 커넥터와 수직 증폭기 사이에 커패시터가 있어 신호의 DC 성분을 차단
  하여 교류 신호를 측정한다.
 ㈏ GND : 수직 증폭기의 입력단을 접지시킴으로써 GND가 기준 소인선이 된다.
 ㈐ DC : 입력 커넥터와 수직 증폭기 사이를 직접 연결하여 신호의 DC 성분까지 측정한다.

⓭, ⓮ VOLTS/DIV(감도) : 수직편향 감도를 선택하는 입력측 감쇄기로 1칸 당 감도로 표
시된다(V/cm).

⑮, ⑯ VARIABLE(가변) : 수직편향 감도를 연속적으로 변화할 때 사용하는 미세 조정기로 반시계 방향으로 완전히 돌리면 감쇄비는 지시값의 1/2.5 이하가 된다. 손잡이를 당기면 수직축 감도는 5배가 되며, 이때 최대 감도는 1 mV/DIV이다. 일반적으로 시계 방향으로 최대인 위치(CAL)에 놓고 사용한다.

⑰, ⑱ POSITION(위치 조정) : 파형의 위치를 수직 방향으로 변화시켜 알맞게 조정한다.

⑲ V. MODE : 수직축에 표시 형태를 선택할 때 사용한다.

  (가) CH1 : CH1에 입력된 신호만을 CRT상에 나타낸다.

  (나) CH2 : CH2에 입력된 신호만을 CRT상에 나타낸다.

  (다) DUAL : CH1과 CH2에 입력된 두 신호를 동시에 CRT상에 나타낸다.

    • CHOP : TIME / DIV 0.2 S~5 mS

    • ALT : TIME / DIV 2 mS~0.2 μS

  (라) ADD : CH1과 CH2에 휘선이 대수합으로 나타난다.

⑳ CH1 OUT 커넥터 : CH1에 입력된 신호의 일부를 증폭하여 주파수 카운터나 기타 장비로 공급하는 단자이다.

(3) 소인과 동기부

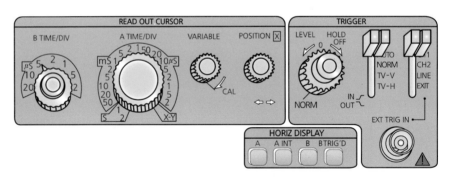

소인과 동기부

㉑ HORIZONTAL DISPLAY : 소인 형태를 선택한다.

  (가) A : A소인만 나타난다. 일반적인 설정단이다.

  (나) A INT : A소인까지만 휘도 변조에 의해 B소인에 대한 부분이 밝게 나타난다.

  (다) B : 휘도 변조된 부분이 확대되어 화면 전체에 나타난다.

  (라) B TRIG'D : 지연 소인이 첫 번째 동기 펄스에 의해 동기된다.

㉒ A TIME / DIV : 교정된 주 시간 간격, 지연 소인 동작을 위한 지연 시간, X−Y 동작을 선택할 수 있다.

㉓ B TIME / DIV : 교정된 지연 B시간축의 소인 시간을 선택한다.

㉔ DELAY TIME POSITION : A소인에 B소인을 선택한 경우 정확한 시작점을 맞추는 데 사용한다.

㉕ A VARIABLE : 교정된 위치로부터 A소인 시간을 연속적으로 변화시키는 데 사용한다.

   • PULL×10MAG : 스위치를 당기면 소인 시간이 10배로 확대된다. 이때 소인 시간은 TIME / DIV 지시값의 1/10이 된다.

   또한 수평축 위치를 조정하여 확대시킬 부분을 수직축 중앙 눈금선과 맞추고 ×10MAG 스위치를 당기면 중앙을 중심으로 좌우 확대된 파형이 나타난다. 이때 소인 시간은 TIME / DIV 지시값의 1/10이 된다.

㉖ 수평축 POSITION : 수평 위치 조정에 사용되며 파형의 시간 측정과는 독립적으로 사용된다. 손잡이를 시계 방향으로 돌리면 우측으로 이동하고 반시계 방향으로 돌리면 좌측으로 이동한다.

㉗ TRIGGER MODE : 소인 동기 형태를 선택한다.

   ㈎ AUTO : 소인은 자동적으로 발생한다. 동기 신호가 있을 때에는 정상적으로 동기된 소인이 얻어지고 파형이 정지한다. 신호가 없거나 동기가 안 된 경우에도 소인은 자동적으로 발생한다.

   ㈏ NORM : 동기된 소인을 얻을 수 있으나 동기 신호가 없거나 동기가 안 되면 소인은 발생하지 않는다. 낮은 주파수(약 25 Hz 이하)에서 효과적으로 동기시키고자 할 때 유효하다.

   ㈐ TV − V : 프레임 단위의 비디오 합성 신호를 측정할 때 사용한다.

   ㈑ TV − H : 주사선 단위의 비디오 합성 신호를 측정할 때 사용한다.

㉘ 동기 TRIGGER SOURCE : TRIGGER SOURCE의 편리한 부분을 선택할 수 있다.

   ㈎ CH1 : CH1에 신호가 있을 때 TRIGGER SOURCE로 CH1을 선택할 수 있다.

   ㈏ CH2 : CH2에 신호가 있을 때 TRIGGER SOURCE로 CH2를 선택할 수 있다.

   ㈐ LINE : AC전원의 주파수가 동기되는 신호를 관측할 때 사용한다. 측정신호가 포함되는 전원에 의한 성분을 안정하게 측정할 수 있다.

   ㈑ EXT : 외부 신호가 동기 신호원이 된다. 수직축 신호의 크기와 관계없이 동기시킬 때 사용한다.

㉙ HOLD OFF : 주 소인의 HOLD OFF 시간을 변경시킴으로써 복잡한 신호를 확실하게 동기시킨다. 소인 시간을 늘려서 고주파 신호나 불규칙한 신호 또는 DIGITAL 신호 등의 복잡한 신호를 TRIGGER 시키는 데 유효하다.

안정된 동기를 위해 서서히 조정하는데 일반적으로 완전히 반시계 방향으로 돌려놓고 사용한다.

㉚ **TRIG LEVEL** : 동기 신호의 시작점을 선택한다. 손잡이를 시계 방향으로 회전시키면 동기되는 시작점이 + 최곳값 쪽으로 움직이고, 반대로 돌리면 시작점이 − 최곳값 쪽으로 움직인다.

- **동기 SLOPE** : 초기 소인의 동기 SLOPE 선택을 위해 사용한다. 누름 상태에서는 + SLOPE이고 당긴 상태에서는 − SLOPE이다.

㉛ **EXT TRIG IN** : 외부 동기 신호를 TRIGGER 회로에 연결할 때 사용한다.

(4) READ OUT

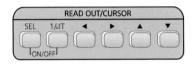

READ OUT

㉜ **SEL** : 이 스위치는 CURSOR 선택 모드 기능으로 REF CURSOR(×)와 △ CURSOR (+)를 변환시킨다. 선택된 CURSOR는 다른 COUSOR보다 밝게 빛난다.

㉝ **1/△T** : 이 스위치는 △T, 1/△T의 모드를 전환시킨다.

㉞ **◀, ▶, ▲, ▼** : CURSOR를 상, 하, 좌, 우로 이동시킨다.

㉜, ㉝ **ON/OFF** : 두 스위치를 동시에 누르면 READ OUT 문자가 사라지고, 다시 동시에 누르면 READ OUT 문자가 나타난다.

(5) 기타

㉟ **EXT BLANKING INPUT 커넥터** : CRT 휘도 변조를 위해 신호를 입력하는 단자로, + 신호를 입력하면 휘도가 감소하고 − 신호를 입력하면 휘도가 증가한다.

㊱ **CAL 단자** : PROBE 보정과 수직 증폭기 교정을 위한 구형파(0.5 V 1kHz)를 출력한다.

㊲ **GROUND 커넥터** : 접지 연결단자이다.

2-2   기본 측정

(1) 측정 신호 연결 방법

⚙️ **PROBE를 사용하는 방법**

회로상에서 측정할 때에는 PROBE를 사용하는 것이 가장 좋다. PROBE에는 1×(직접 연결) 위치와 10×(감쇄) 위치가 있는데, 10× 위치에서는 오실로스코프 PROBE의 입력 임피던스가 증가되어 입력 신호가 1/10로 감쇄되므로 측정단위(VOLTS/DIV)를 10배로 곱해야 한다.

예 50 mV/DIV에서는 50 mV×10 ＝ 0.5 V가 된다.

오실로스코프의 PROBE도 역시 SHIELD된 선을 사용하므로 잡음을 방지할 수 있다. 동축 케이블을 사용하여 측정하고자 할 때에는 신호원의 임피던스 최고 주파수, 케이블의 용량 등을 정확히 알아야 한다. 이러한 것들을 알 수 없을 때에는 10×의 PROBE를 사용하는 것이 좋다.

(2) 초기 동작 시 조정

측정을 시작하기 전에 다음 순서에 따라 초기 동작을 조정한다.

① 조정 손잡이는 다음과 같이 설정한다.
- POWER 스위치[**1**] : OFF(나온 상태)
- INTEN[**3**] : 완전히 반시계 방향
- FOCUS[**4**] : 중앙
- AC － GND － DC[**11**, **12**] : AC
- VOLT/DIV[**13**, **14**] : 20 mV
- 수직 POSITION[**17**, **18**] : 누른 상태에서 중앙에 위치
- VARIABLE[**15**, **16**] : 누른 상태에서 완전히 시계 방향
- V. MODE[**19**] : CH1
- TIME/DIV[**22**] : 0.5 mS
- TIME VARIABLE[**25**] : 누른 상태에서 완전히 시계 방향
- 수평 POSITION[**26**] : 중앙
- TRIGGER MODE[**27**] : AUTO
- TRIGGER SOURCE[**28**] : CH1
- TRIGGER LEVEL[**30**] : 중앙
- HOLD OFF[**29**] : NORM(최대 반시계 방향)

② 전원 코드를 전원 커넥터[**8**]에 연결한다.

③ POWER 스위치[**1**]를 누르면 POWER 램프[**2**]가 켜지고 약 30초 후에 INTEN[**3**]
을 시계 방향으로 돌리면 휘선이 나타난다.
관찰하기 적당한 밝기로 조절한다.

주의

CRT 내부에는 방연 재료가 사용되었지만 너무 밝은 점이나 휘선이 나온 상태로 장시간 방치하면 CRT
화면이 손상될 수 있으므로 특별히 밝은 휘도를 요하는 측정 후에는 밝기를 줄인다. 또한 측정을 하지
않을 경우에는 휘도를 어둡게 줄여 놓는 것이 좋다.

---

④ FOCUS[**4**]를 가장 가늘고 선명한 상태가 되도록 조정한다.

⑤ CH1 POSITION[**17**]을 돌려 휘선이 수평 눈금과 일치하는지 확인한다. 휘선이 수평
눈금과 일치하지 않을 경우에는 TRACE ROTATION[**5**]을 조정하여 일치시킨다.

⑥ 수평 POSITION[**26**]을 돌려 가장 왼쪽 눈금과 일치시킨다.

⑦ PROBE를 CH1 X IN[**9**]에 연결하고 팁을 CAL 단자[**36**]에 연결한다. 이때 PROBE
감쇄비는 10× 위치에 놓고 VOLTS / DIV[**13**]는 10 mV에 놓는다.

⑧ 구형파의 윗 부분이나 일부분이 경사지거나 뾰족하게 되면 작은 드라이버를 사용하여
PROBE의 보정용 TRIMMER를 그림과 같이 조정한다.

⑨ V. MODE [**19**]를 CH2에 놓고 ⑦, ⑧과 같이 조정한다.

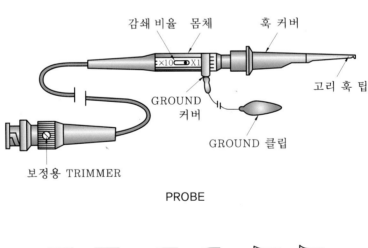

PROBE

(a) 적정   (b) 보정 부족   (c) 보정 과다

교정용 구형파에 의한 PROBE 보정

(3) 1현상 측정

하나의 신호를 측정할 때 사용하는 모드이다. 일반적으로 오실로스코프는 2개의 채널을 가지고 있으므로 CH1, CH2 중 하나를 선택하면 된다. CH1은 OUTPUT 터미널[20]을 가지고 있으며, 화면으로 파형을 측정하면서 동시에 주파수 측정기로 주파수를 측정하고자 할 때 사용하면 좋다. CH2는 INVERT[18]로 파형의 극성 전환이 가능하다.

① CH1을 사용할 때 다음과 같이 설정한다. (　) 안은 CH2를 사용할 때의 설정을 나타 낸다.

- POWER 스위치[1] : ON
- AC – GND – DC[11, 12] : AC
- FOCUS[4] : 중앙
- 수직 POSITION[17, 18] : 누른 상태에서 중앙
- VOLT/DIV[13, 14] : 20 mV
- VARIABLE[15, 16] : 누른 상태에서 완전히 시계 방향으로 돌려 놓는다.
- V. MODE[19] : CH1(CH2)
- HORIZ DISPALY[21] : A
- TIME VARIABLE[25] : 누름 상태에서 완전히 시계 방향으로 완전히 돌려 놓는다.
- TRIGGER MODE[27] : AUTO
- TRIGGER SOURCE[28] : CH1(CH2)
- TRIGGER LEVEL[30] : 중앙
- HOLD OFF[29] : NORM(최대 반시계 방향의 끝에 위치시킨다.)

② 수직축 POSITION을 조정하여 휘선을 CRT의 중앙에 위치시킨다.

③ X IN 커넥터[9, 10]로 신호를 연결시키고 VOLT/ DIV[13, 14]를 돌려 CRT에 충분한 신호가 나타나도록 한다.

주의

300 V(DC＋PEAK AC) 이상의 신호를 가하지 않아야 한다.

---

④ TIME/DIV[22]를 돌려서 신호가 원하는 주기가 되도록 한다. 일반적인 측정에서는 2~3주기가 나타나는 것이 적당하고 밀집된 파형 관측 시에는 50~100 주기가 나타나도록 하는 것이 적당하다. 그리고 TRIGGER LEVEL[30]을 돌려 안정된 파형이 나타나도록 조정한다.

⑤ VOLT/DIV 스위치를 5 mV에 위치했는데도 측정할 신호가 작아서 동기가 되지 않거나 측정이 곤란한 경우 VARIABLE(PULL×5 MAG)[15, 16]을 당긴다.

이때 VOLT/DIV 스위치가 5 mV인 경우 1 mV/ DIV가 되고 주파수 대역폭은 7 MHz로 감소하며 휘선에 잡음이 증가하게 된다.

⑥ 측정하려고 하는 신호가 고주파로 TIME/DIV 스위치를 0.2 μS 위치에 놓고도 너무 많은 주기가 나타날 때 TIME VARIABLE(PULL ×10 MAG)[㉕]을 당긴다. 그러면 소인 속도가 10배 증가하므로 0.2 μS는 20 nS/DIV가 되고 0.5 μS는 50 nS/DIV가 된다. 0.2, 0.5 μS MAG는 비교정 단자이고 1 μS 이하는 교정 단자이다 (1 μS/DIV에서 ×10 확대 시 ±10 %이고, 그 이하는 ×10 확대 시 ±5 %이다).

⑦ DC 또는 매우 낮은 주파수를 측정할 경우 AC 결합은 신호의 감쇄나 찌그러짐이 발생함으로써 AC – GND – DC 스위치[⑪, ⑫]를 DC에 놓고 사용한다.

TRIGGER MODE[㉗]의 NORM은 재소인되는 위치로, 신호 주파수가 25 Hz 이하인 저주파 관측 시 TRIGGER LEVER[㉚]을 조정하여 측정할 수 있다.

주의

높은 DC 전압에 매우 낮은 AC 레벨의 파형이 실려 있는 경우 DC 위치에서 나타나지 않을 수 있다.

---

(4) 2현상 측정

2현상 측정은 주기능으로 다음 설명을 제외하고는 1현상 측정과 동일하다.

① V. MODE[⑲]를 ALT나 CHOP에 놓는다.

㉮ ALT는 고주파 신호인 경우(TIME/DIV 스위치 : 0.2 ms 이상 고속)에 사용한다.

㉯ CHOP은 저주파 신호인 경우(TIME/DIV 스위치 : 0.5 ms 이상 고속)에 사용한다.

② 2채널이 같은 주파수인 경우 TRIGGER SOURCE[㉘]로 정확히 동기시킬 수 있다.

(5) TRIGGER 선택

TRIGGER는 오실로스코프에서 부수적으로 적용해야 할 조건이 많고 신호의 정확한 동기를 요하기 때문에 가장 복잡한 동작이다.

① TRIGGER 모드 선택

㉮ AUTO TRIGGER 모드 : 신호가 없거나, 신호가 있더라도 TRIGGER 조정이 잘못된 경우 동기된 소인이 항상 나타나므로 NORM에서 일어날 수 있는 실수를 범할 우려는 없다. 그러나 AUTO는 신호 주파수가 25 Hz 이하인 경우는 사용할 수 없으며 이때는 NORM에서 측정해야 한다.

㉯ NORM TRIGGER 모드 : CRT 빔은 신호가 동기되어야 나타난다. TRIGGER 모드는 신호가 없거나 동기 조절이 잘못된 경우, 수직축 POSITION 조정이 잘못되거나 VOLT/DIV 스위치가 부적당하게 된 경우 휘선이 나타나지 않는다.

(다) TV‒V, TV‒H TRIGGER 모드 : TV 동기 분리 회로를 추가하여 복잡한 영상 신호(그림 (a))와 같은 파형을 수평 성분, 수직 성분으로 분리함으로써 깨끗이 동기된 파형을 관측할 수 있다. TV 신호의 수직 성분의 동기(그림 (b))를 위해 TRIGGER MODE 스위치를 TV‒V로, 수평 성분의 동기(그림 (c))를 위해 TV‒H로 선택한다. TRIGGER 분리가 되었을 때(그림 (d)) TV 동기 극성은 음극(‒)이어야 한다.

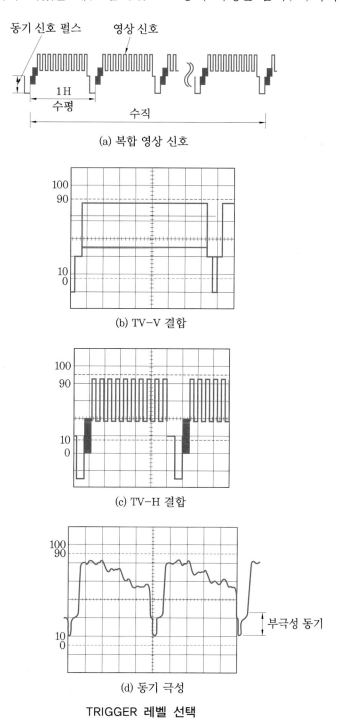

(a) 복합 영상 신호

(b) TV‒V 결합

(c) TV‒H 결합

(d) 동기 극성

TRIGGER 레벨 선택

② **TRIGGER POINT 선택** : SLOPE[❸⓿]는 소인의 시작점, 상승 시작점 또는 하강 시작점 중 어느 부분에서 시작할 것인지 결정한다. 누른 상태에서는 상승 시작점이 되고 당긴 상태에서는 하강 시작점이 된다.

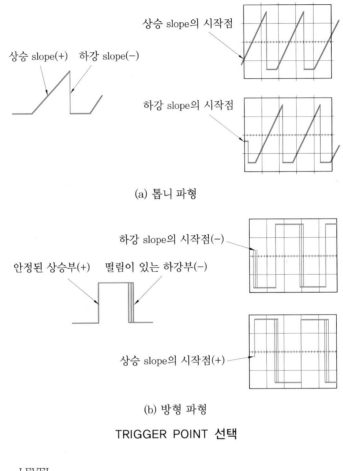

(a) 톱니 파형

(b) 방형 파형

TRIGGER POINT 선택

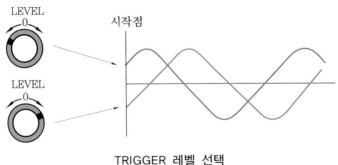

TRIGGER 레벨 선택

(6) 합과 차의 측정

두 신호를 합하여 한 개의 파형으로 나타내는 기능으로, 합의 동작(ADD)은 CH1과 CH2 신호의 대수합을, 차의 동작은 CH1과 CH2 신호의 대수차를 나타낸다.

① 2현상 측정과 같이 설정한다.

② 양쪽 VOLT/DIV[⓭, ⓮]를 같은 위치에 놓는다. VARIABLE[⓯, ⓰]은 최대 시계 방향으로 돌려놓는다. 두 신호의 진폭 차이가 대단히 클 경우 큰 신호의 진폭이 화면 내에 올 수 있을 만큼 양쪽 VOLT/DIV 스위치를 함께 줄인다.

③ TRIGGER의 스위치는 그 중 큰 신호를 기준으로 선택한다.

④ V. MODE[⓳]를 ADD에 놓으면 CH1과 CH2 신호의 대수합이 한 개의 파형으로 나타난다. 이때 수직 POSITION 조절기[⓱, ⓲]의 위치 변화는 측정값을 변화시키기 때문에 조작을 금한다.

> **주의**
>
> 두 입력 신호가 동위상일 때 두 신호는 합으로 나타나고(예 4.2 DIV＋1.2 DIV＝5.4 DIV),
> 두 입력 신호가 180° 역위상일 때 두 신호는 차로 나타난다(예 4.2 DIV－1.2 DIV＝3.0 DIV).

⑤ 최대(p－p) 진폭이 매우 적은 신호일 경우에는 양쪽 VOLT/DIV 스위치를 조정하여 신호를 화면에 크게 표시한 후 측정한다.

(7) X－Y 측정

X－Y 측정 시 내부 시간축은 사용되지 않으며 수직 및 수평 편향이 모두 외부 신호에 의해 동작된다. X－Y 모드에서는 V MODE, TRIGGER 스위치, 이에 관련된 커넥터와 기능은 동작하지 않는다.

① TIME / DIV[㉒]를 최대 시계 방향으로 돌려 X－Y 위치에 놓는다.

> **주의**
>
> 소인되지 않고 점으로 나타날 경우 CRT 형광면이 손상될 우려가 있으므로 휘도가 너무 밝으면 줄인다.

② CH2 Y IN 커넥터[❿]에 수직 신호를, CH1 X IN 커넥터[❾]에 수평 신호를 가하면 휘선이 나타난다. 휘도를 적당한 밝기로 조절한다.

③ CH2 VOLT/DIV[⓮]로 휘선의 높이를, CH1 VOLT/DIV[⓭]로 휘선의 폭을 조정한다. PULL×5 MAG [⓯, ⓰]과 VARIABLE은 필요에 따라 조정한다. TIME VARIABLE [㉕]은 눌러진 상태에서 측정한다.

④ 파형을 수직(Y측)으로 움직이려면 CH2 수직 POSITION[⓲]으로 하고, 수평(X축)으로 움직이려면 수평 POSITION[㉖]을 조정한다(CH1 수직 POSITION[⓱]은 X－Y 모드에서는 동작하지 않는다).

⑤ 수직(Y측) 신호는 CH2 수직 POSITION[⓲]을 당겨서 위상을 180° 바꿀 수 있다.

(8) 지연 시간축 동작

일부 제품들은 2개의 시간축을 가지고 있는데 TRIGGER 신호가 주어지면 바로 소인이 시작되는 A시간축과 두 번째로 소인이 시작되는 B시간축이 있다. 이는 수평 방향으로 복합 파형을 확대 관측할 때 사용된다.

① 연속 지연 소인

㈎ 수직 모드로 적절한 위치를 설정한다.

㈏ B TRIG'D 스위치를 나온 상태로 한다.

㈐ HORIZ DISPLAY의 A INT 스위치를 누른다. 이때 파형의 일부분이 밝게 빛난다.

㈑ B TIME/DIV[㉓]를 확대해서 보고 싶은 만큼 적당히 돌린다(그림 (b) 참조).

㈒ DELAY TIME POS[㉔]를 확대해서 보고 싶은 곳으로 움직여 간다.

㈓ HORIZ DISPLAY의 B 스위치를 누른다. 앞의 ㈒에서의 밝은 부분이 화면 전체에 확대되어 나타난다. 이 파형이 B시간축 소인이다(그림 (c) 참조).

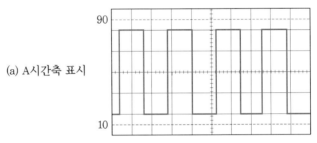

(a) A시간축 표시

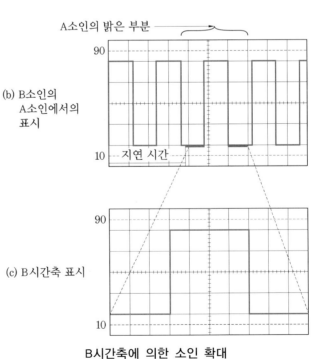

(b) B소인의 A소인에서의 표시

(c) B시간축 표시

B시간축에 의한 소인 확대

(사) 더욱 확대시켜 볼 필요가 있는 경우 A VARIABLE [25] PULL×10 MAG를 당겨본다.

② **TRIGGER'D B소인** : 연속적인 지연 소인에서 B시간축은 입력 신호에 의해 동기되지 않고 DIY TIME POS 조절기의 설정된 주(A시간축) 소인과의 비교에 의해 동기된다.

이때 A와 B TIME / DIV의 B스위치의 설정값이 높은 비(100 : 1 또는 그 이상)가 되면 지터(JITTER)가 발생하게 된다. 이것을 방지하기 위해 B소인은 입력 신호나 시간축과 관계되는 TRIGGER에 의해 동기시킨다.

DELAY TIME POS 조정은 A와 B소인 간의 최소 지연 시간을 결정하게 된다.

(가) 연속 지연 소인 절차와 같이 스위치를 설정한다.

(나) B TRIG'D 스위치[21]를 누르고 TRIGGER LEVEL[30]을 적당히 조절한다. 이때 B시간축은 A시간축과 같은 동기 신호에 의해 동기된다.

B소인의 시작은 항상 동기된 신호의 처음과 끝에서 개시된다(DLY TIME POS 조절기를 돌려도 항상 일정하다).

2-3 응용 측정

(1) 진폭 측정

오실로스코프의 전압 측정은 일반적으로 최댓값 측정(p−p)과 순치 시 최댓값(p−p) 측정의 2가지가 있다. 순치 시 전압 측정은 GND 기준으로부터 파형상 각 점의 전압을 측정하는 것이다.

위 측정을 모두 정확히 하기 위해 VARIABLE은 반드시 시계 방향으로 돌려 놓는다.

① **최댓값(p−p) 전압 측정**

(가) 오실로스코프 수직 모드의 스위치는 기본 측정과 같이 설정한다.

(나) TIME/DIV[22]는 2~3주기 정도의 파형이 되도록 조정하고 VOLT/DIV 스위치는 CRT 화면 내에 파형이 들어오도록 적당히 조정한다.

(다) 수직 POSITION[17, 18]을 적당히 조정하여 파형의 끝부분을 CRT 관면의 수평 눈금과 일치시킨다.

(라) 수평 POSITION[26]을 적당히 조정하여 CRT 관면의 중앙 수직선상에 파형의 끝부분이 오도록 조정한다(이 선에는 0.2칸 간격의 눈금이 그어져 있다).

(마) 파형의 위쪽 끝부분과 아래쪽 끝부분의 칸과 눈금을 세어서, 그 값에 VOLT/DIV 스위치의 값을 곱하면 최댓값(p−p)이 된다.

예를 들면 다음 그림과 같은 파형을 측정하였을 때 VOLT/DIV값이 2 V이면 실제로는 8.0 Vp−p가 된다(4.0 DIV×2.0 V = 8.0 V).

(바) 만약 수직 확대 표시가 ×5 모드이면 측정값에 5를 나누어 준다. PROBE가 10 : 1이면 10배를 곱한다.

(사) 100 Hz 이하의 정현파나 1 kHz 이하의 구형파를 측정할 경우 AC – GND – DC 스위치를 DC에 놓는다.

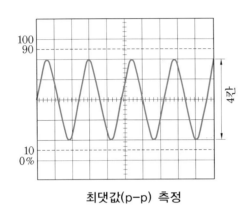

최댓값(p-p) 측정

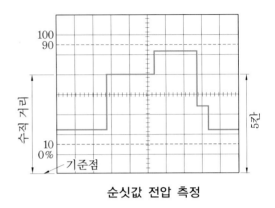

순싯값 전압 측정

> **주의**
>
> 고전위의 DC 전압이 실려 있는 파형에서는 상기의 측정이 곤란하다. 이때는 AC – GND – DC 스위치를 AC에 놓고 측정한다(교류 성분 측정이 필요할 경우).

② **순싯값 전압 측정**

(가) 오실로스코프의 수직 모드 스위치는 기본 측정절차와 같이 설정한다.

(나) TIME/DIV[㉒, ㉓]는 완전한 파형이 되도록 조정하고 VOLT/DIV 스위치는 4~6칸이 되도록 조정한다.

(다) AC – GND – DC[⑪, ⑫]를 GND에 놓는다.

(라) 수직 POSITION[⑰, ⑱]을 돌려 CRT상 수평 눈금의 맨 아래(＋신호일 때)나 맨 위쪽(－신호일 때)에 일치시킨다.

> **주의**
>
> 수직 POSITION 조절기는 측정이 끝날 때까지는 움직여서는 안 된다.

(마) AC – GND – DC 스위치를 DC에 놓는다. ＋신호이면 GND 설정 위로 파형이 나타나고 －신호이면 GND 설정 지점 아래로 파형이 나타난다.

참고 파형에 비해 DC 전압이 클 경우 AC – GND – DC 스위치를 AC에 놓고 AC 부분만 따로 측정한다.

(바) 수평 POSITION[㉖]을 움직여 CRT면의 수직 눈금 중앙에 측정하고자 하는 지점을 일치시켜 그때의 진폭을 VOLT/DIV값에 곱한다. 수직 중앙 눈금은 0.2칸마다 눈금

이 매겨져 있어 측정이 용이하다.

앞의 순싯값(p-p) 측정 그림에서 VOLT/DIV 스위치가 0.5 V에 있으면 그 값은 2.5 V가 된다(5.0 DIV×0.5 V = 2.5 V).

㈐ 만약 ×5 확대 측정 시에는 ㈏에서 측정한 값에 5를 나누어 주고 ×10 PROBE를 사용했을 경우에는 그 값에 10을 곱한다.

(2) 시간 간격 측정

① 1현상 측정에서와 같이 스위치를 설정한다.

② TIME/DIV[22]를 될 수 있는 한 파형이 화면에 크게 나오도록 설정한다. TIME VARIABLE[25]은 잠김소리가 날 때까지 시계 방향 최대로 돌린다. 만약 이렇게 하지 않는다면 측정값이 부정확하게 되므로 주의한다.

③ 수직 POSITION[17, 18]을 조정하여 수평 눈금 중앙에 측정하고자 하는 파형을 일치시킨다.

④ 수평 POSITION[26]을 돌려 파형의 왼쪽을 수직 눈금에 일치시킨다.

⑤ 측정하고자 하는 지점까지의 눈금을 센다. 수평 눈금 중앙에는 0.2칸까지의 눈금이 매겨져 있다.

⑥ ⑤에서 측정한 눈금에 TIME/DIV 스위치가 설정한 값을 곱하면 구하고자 하는 시간이 된다. 만약 TIME VARIAVBLE [25]이 당겨져 있으면(×10확대 모드) 측정값에 10을 나누어 준다.

(3) 주기, 펄스 폭, 듀티 사이클 측정

신호의 완전한 주기가 화면에 표시될 경우 그때의 주기를 측정할 수 있다. 예를 들어 다음 그림에서 A와 C의 1주기 측정값은 TIME/DIV 스위치가 10 ms에 설정되어 있다면 그 파형의 주기는 10 ms×7 = 70 ms이다.

펄스 폭은 A와 B의 시간을 말하며, 그림에서 1.5칸이므로 1.5 DIV×10 ms = 15 ms가 된다. 그런데 여기서 TIME/DIV 스위치를 2 ms에 놓게 되면 그림 (b)와 같이 확대되어보이므로 짧은 펄스라도 측정 정확도는 더욱 좋아진다.

TIME/DIV 스위치로도 적게 보일 경우에는 TIME VARIBALE[25]을 당겨 ×10 확대된 상태에서 측정하면 좋다. 펄스 폭과 주기를 알면 듀티 사이클을 계산할 수 있다. 듀티 사이클은 펄스 주기(ON 시간과 OFF 시간의 합)의 ON 시간에 대한 백분율을 말한다.

$$듀티\ 사이클\ (\%) = \frac{펄스\ 폭}{주기} \times 100$$

다음 그림에서의 듀티 사이클은 다음과 같다.

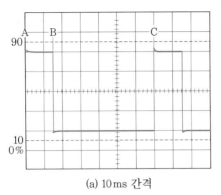

(a) 10 ms 간격

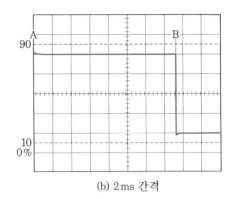

(b) 2 ms 간격

시간 간격 측정

예 듀티 사이클 $= \dfrac{A \to B}{A \to C} \times 100 = \dfrac{15\,ms}{70\,ms} \times 100 = 21.4\,\%$

(4) 주파수 측정

주파수의 정확한 측정이 필요할 경우 주파수 측정기를 사용한다. 오실로스코프 후면에는 CH1 OUTPUT 커넥터[20]가 있어 여기에 주파수 측정기를 연결하면 파형 관측 및 주파수 측정을 동시에 할 수 있다.

주파수 측정기가 없거나 주파수 측정기로는 측정하기 곤란한 변조 파형, 잡음이 많이 실려 있는 파형은 오실로스코프로 직접 측정할 수 있다.

주파수는 주기와 상호 관련이 있다.

우선 (2)의 시간 간격 측정에서 나오는 주기 t를 알았다면 주파수는 1/t로 계산하여 간단히 구할 수 있다.

1/t의 공식을 적용하면 주기가 초일 때 주파수는 Hz가, 주기가 밀리 초(mS)일 때 주파수는 kHz가, 주기가 마이크로초(μS)일 때 주파수는 MHz가 된다. 주파수의 정확도는 시간축의 정확한 교정과 세밀한 주기 측정에 의해 결정된다.

(5) 위상차 측정

위상차나 신호 사이의 위상각은 2현상 측정 방법이나 X−Y 모드에서 **리사주 도형법**으로 측정할 수 있다.

① **2현상 측정 방법** : 이 방법은 어떤 형태의 입력 파형에서도 가능하다. 파형이 서로 다를 경우나 위상차가 클 경우에도 20 MHz까지는 측정이 가능하다.

㈎ 2현상 측정에서와 같이 스위치를 설정한다. 한 신호를 CH1 X IN 커넥터[9]에, 다른 신호를 CH2 Y IN 커넥터[10]에 연결한다.

참고 주파수가 높아질 경우 똑같은 PROBE를 쓰거나 지연 시간이 같은 동축 케이블을 사용해야 측정 오차를 줄일 수 있다.

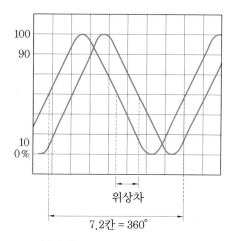

위상차

7.2칸 = 360°

2현상 측정법에 의한 위상 측정

㈏ TRIGGER SOURCE[28]를 안정된 파형 쪽으로 설정한다. 이때 다른 파형은 수직 POSITION 조절기를 조정하여 파형이 보이지 않도록 위나 아래로 보낸다.

㈐ 수직 POSITION을 조정하여 파형을 중심에 이동시킨다. 파형이 6칸을 차지하도록 VOLT/DIV와 VARIABLE을 조정하여 잘 맞춘다.

㈑ TRIGGER LEVEL[30]을 적절히 조정하여 수평 눈금의 시작점에 파형의 시작점을 정확히 맞춘다.

㈓ TIME/DIV[22], TIME VARIAVLE[25], 수평 POSITION[26]을 적절히 정하여 파형의 1주기가 7.2칸이 되도록 조정한다. 그러면 수평 눈금 하나는 50°가 되고 작은 눈금 하나는 10°가 된다.

㈔ 보이지 않게 움직여 놓은 다른 파형도 수평 눈금 중앙에 오도록 ㈐와 같은 절차를 수행한다.

㈕ 두 파형의 수평축 상에서 시작점 사이의 거리가 곧 위상차가 된다. 예를 들면 그림에서 보이는 위상차는 5.2칸이므로 60°가 된다.

㈖ 만약 위상차가 50° 이내이면 ×10 확대 모드를 이용하여 세밀히 측정할 수도 있다. 이때의 한 칸은 5°를 나타낸다.

② **리사주 도형법** : 이 방법은 입력 파형이 정현파일 경우에만 가능하다. 수평 증폭기 대역 폭에 따라 측정은 500 kHz 이상도 가능할 수 있다. 특성에서 규정한 최대 정확도를 유지하기 위해서는 20 kHz 이하에서 측정하는 것이 좋다.

㈎ TIME/DIV 스위치를 최대 시계 방향으로 돌려 X-Y 위치에 설정한다.

주의

CRT상 휘도가 너무 밝아 형광면을 손상시키는 경우가 있으므로 휘도를 적당히 한다.

(나) CH2 POSITION[⑱]과 PULL×10 MAG[⑯]이 눌러진 상태로 한다.

(다) 한 신호를 CH1 X IN 커넥터[⑨]에, 다른 신호를 CH2 Y IN 커넥터[⑩]에 연결한다.

(라) CH2 수직 POSITION[⑱]으로 파형이 관면의 중앙에 오도록 조정하고, 파형이 6칸이 되도록 CH2 VOLT/DIV[⑭]와 VARIABLE[⑯]을 함께 조정한다(파형은 100 %와 0 % 눈금선 상에 존재한다).

(마) CH1 VOLT/DIV[⑬]와 VARIABLE을 함께 조정하여 (라)와 같이 수평으로 6칸이 되도록 조정한다.

(바) 수평 POSITION[㉖]으로 정확하게 조정하여 파형이 수평 중앙에 오도록 조정한다.

(사) 파형이 수직 중앙 눈금에서 몇 눈금을 지시하는지 센다. 세밀한 측정을 위해서는 CH2 POSITION으로 움직이면서 세어도 좋다.

(아) 두 신호의 위상차(각도 θ)는 A÷B의 아크사인값과 같다.

$$위상차(각도\ \theta) = \sin^{-1}\frac{A}{B}$$

[예] 그림과 같은 파형일 때 (사)와 같이 이상차를 계산하면 2÷6 = 0.3334의 아크사인값이므로 각도로 환산하면 19.5°가 된다.

$$위상차(각도\ \theta) = \sin^{-1}\frac{2}{6} = \sin^{-1}0.3334$$
$$= 19.5°$$

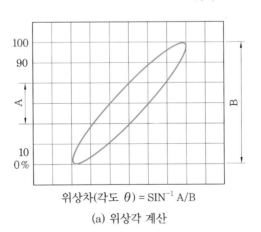

위상차(각도 θ) = SIN^{-1} A/B

(a) 위상각 계산

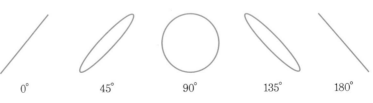

0°   45°   90°   135°   180°

(b) 위상각에 따른 리사주 형태

리사주 도형법에 의한 위상 측정

(자) 90°보다 작은 각도에서는 바로 적용이 가능하다. 90°보다 큰 각도에 대해서는 90° 씩 더해 주는데, 그 값은 그림의 여러 위상각을 보고 결정한다.

참고 사인각의 변환은 삼각함수표와 삼각함수 계산식에 의해 구할 수 있다.

(차) READOUT 기능을 가진 제품인 경우에는 CURSOR를 이동시킨 후 A, B값을 측정 하면 위상차 θ를 계산할 수 있다.

(7) 상승 시간 측정

상승 시간은 총펄스 진폭의 상승부 10 %부터 90 %까지의 도달 시간을, 하강 시간은 총 펄스 진폭의 하강부 90 %로부터 10 %까지의 도달 시간을 말한다. 상승시간 및 하강시간을 통틀어 모두 과도 시간이라고 한다.

(가) 측정하고자 하는 펄스를 CH1 IN 커넥터[**9**]에 연결하고 AC − GND − DC[**11**]는 AC 에 위치한다.

(나) TIME / DIV[**22**]를 조정하여 펄스가 2주기 정도 나타나도록 한다.
TIME VARIABLE[**25**]을 최대 시계 방향으로 돌리고 눌러진 상태로 측정한다.

(다) CH1 POSITION[**17**]을 조정하여 펄스를 수직 중앙에 일치시킨다.

(라) CH1 VOLT/DIV[**13**]를 조정하여 펄스의 윗부분이 100 % 눈금선에, 펄스의 아랫부 분이 0 %의 눈금선에 가장 가깝게 한다. 맞지 않을 경우에는 양쪽 눈금선을 약간 벗 어나게 하여 VARIABLE [**15**]을 반시계 방향으로 조금 돌려 100 %선과 0 %선에 정확 히 맞춘다.

(마) 수평 POSITION[**26**]을 조정하여 펄스의 상승부가 수직 중앙 눈금에(10 % 지점에서 만남) 오도록 한다.

(바) 주기에 비해 느린 상승 시간은 확대할 필요가 없지만 상승 시간이 짧아서 거의 수직 눈금과 일치할 정도이면 TIME VARIABLE/PULL×10 MAG[**25**]를 당겨서 (마)와 같 이 조정한다.

(사) 수평상으로 10 % 지점(수직 눈금 중앙)과 90 % 지점과의 사이의 눈금을 센다.

(아) (사)에서 세어둔 값과 TIME/DIV 스위치의 숫자값을 곱하면 상승 시간이 된다. 만약 ×10 확대 모드일 경우에는 그 값에 10을 나누어 준다.

예 TIME/DIV 스위치가 1 μS에 설정되어 있을 경우 그림과 같이 측정되었다면 상승 시간 은 360 nS가 된다(1000 nS÷10 = 100 nS, 100 nS×3.6 DIV = 360 nS : ×10 확대 모드이 기 때문이다).

(자) 하강 시간을 측정할 경우에는 하강 시점의 10 %되는 지점을 수직 중앙 눈금에 일치 시키고 (사)와 (아)의 절차에 따라 측정한다.

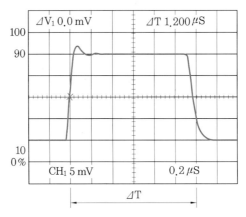

(a) 기본 표시 설정

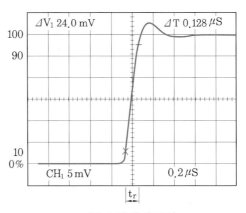

(b) 수평 확대 표시

상승 시간 측정

3 함수 발진기

함수 발진기(function generator)는 정현파, 삼각파, 구형파 신호를 발생하고 주파수 가변 및 변조하는 기기로 전자회로 실험실습에 꼭 필요한 장비이다.

부가된 기능으로는 소인(sweep generator) 발진기로 사용이 가능하며 소인 범위는 내부 ramp 발진기에 의하여 100 : 1 이상의 주파수 범위를 갖고 있으며, 소인 비율(sweep rate)과 소인 폭(sweep width)을 조정할 수 있다.

3-1 각 부위별 명칭

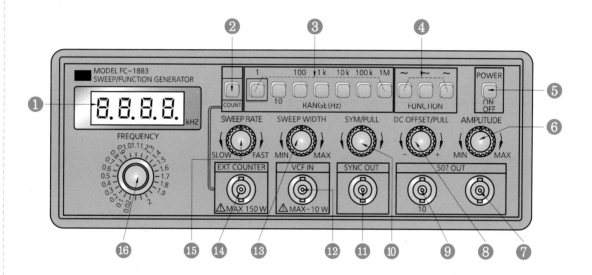

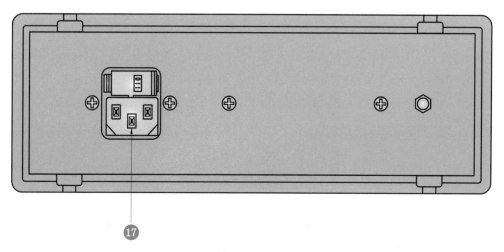

각 부위별 명칭

① FREQUENCY DISPLAY LED : 4 digit의 주파수 표시 LED이다.

SWITCH[**②**]가 INT로 되었을 경우에는 내부 발진 주파수를 표시하고 EXT로 되었을 경우에는 EXT. COUNTER INPUT CONNECTOR[**⑭**]에 입력되는 신호의 주파수를 표시한다.

② INT/EXT SWITCH : 주파수 counter의 입력 신호를 선택한다.

③ FREQUENCY RANGE SWTCH : 발진 주파수의 범위를 선택하는 스위치로, 주파수 조절 손잡이[**⑯**]가 가리키는 눈금에 선택한 스위치의 숫자를 곱하면 발진 주파수가 된다. 1 k를 선택하면 발진 주파수의 범위는 20 Hz~2 KHz가 된다.

④ FUNCTION SWITCH : 출력 파형을 선택하는 스위치이다.

⑤ POWER SWITCH : 전원 스위치이다.

⑥ AMPLITUDE VR : 출력 전압을 조절하는 손잡이이다.

⑦ OUTPUT(HI) CONNECTOR : 0~±10 V의 출력 커넥터이다.

⑧ DC OFFSET VR /SWITCH : 출력 offset 전압을 조절하는 손잡이로, 손잡이를 누른 상태에서는 offset 전압이 0 V이고 손잡이를 당기면 offset 전압을 −10 V까지 조절할 수 있다.

⑨ OUTPUT(LO) CONNECTOR : 0~±1 V의 출력 커넥터이다.

⑩ SYMMETRY VR / SWITCH : 손잡이를 당기면 symmetry를 1 : 4까지 조절할 수 있으며 누르면 1 : 1로 고정된다.

⑪ SYNC. OUTPUT CONNECTOR : TTL 레벨의 출력 신호 커넥터이다.

⑫ VCF INPUT CONNECTOR : 발진기의 주파수 제어 전압 입력 커넥터이다. 외부의 신호 주파수로 제어하거나 sweep할 수 있다.

⑬ SWEEP WIDTH VR : sweep 폭을 조절하는 손잡이이다.

⑭ EXT. COUNTER INPUT CONNECTOR : 외부 신호의 주파수를 측정할 때의 신호 입력 커넥터이다.

⑮ SWEEP RATE VR / SWITCH : 내부 sweep 신호의 주파수를 조절하는 손잡이로, 손잡이를 당기고 돌리면 조절이 되고 손잡이를 누르면 sweep 신호는 OFF된다.

⑯ FREQUENCY CONTROL VR : 발진기의 주파수를 조절하는 손잡이이다. 발진 주파수는 1 frequency display LED의 표시를 보며 맞춘다. FREQUENCY RANGE SWITCH [**③**]가 1 Hz나 10 Hz의 낮은 주파수로 설정되어 있을 경우에는 이 손잡이가 지시하는 눈금을 이용하여 주파수를 맞추는 것이 더 편리하다.

⑰ AC INLET : AC power 연결구로 110 V/220 V 입력 전압 전환 스위치와 fuse holder 가 일체형으로 되어 있다.

3-2　조작 순서

① POWER SWITCH[5]를 ON한다.

② INT/EXT SWITCH[2]로 주파수 카운터의 입력 신호를 INT로 선택한다.

③ FUNCTION SWITCH[4]로 출력 파형을 선택한다.

④ SWEEP SWITCH[15]를 눌러 sweep 신호를 OFF한다.

⑤ SYMMERRY SWITCH[10]를 눌러 놓는다.

⑥ DC OFFSET SWITCH[8]를 눌러 offset을 0으로 한다.

⑦ FREQUENCY RANGE SWITCH[3]와 FREQUENCY CONTROL VR[16]로 출력 주파수를 맞춘다.

⑧ AMPLITUDE VR[6]로 OUTPUT CONNECTOR[7, 9]의 출력 레벨을 맞춘다.

3-3　사용 방법

(1) 기본 파형의 출력(sine, triangle, square wave)

① FUNCTION SWITCH[4]로 필요한 파형을 선택한다.

② INT/EXT SWITCH[2]로 주파수 카운터의 입력 신호를 INT로 선택한다.

③ SWEEP SWITCH 손잡이[15]를 눌러 sweep 신호를 OFF한다.

④ SYMMERRY SWITCH 손잡이[10]를 눌러 놓는다.

⑤ DC OFFSET [8]을 필요에 따라 사용한다. 필요시 손잡이를 당겨서 ON한 후 offset 값을 적당히 조정하여 사용한다.

⑥ FREQUENCY RANGE SWITCH[3]와 FREQUENCY CONTROL VR[16]로 출력 주파수를 맞춘다.

⑦ OUTPUT CONNECTOR를 연결한다.

㈎ HI 출력 커넥터[7] : $20V_{P-P}$(무부하 시)

㈏ LO 출력 커넥터[9] : $20V_{P-P}$(무부하 시)

⑧ AMPLITUDE VR[6]로 필요한 출력 레벨을 맞춘다.

(2) 주파수 sweep되는 신호의 출력

① FUNCTION SWITCH[4]로 필요한 파형을 선택한다.

② INT/EXT SWITCH[2]로 주파수 카운터의 입력 신호를 INT로 선택한다.

③ SWEEP SWITCH 손잡이[15]를 눌러 sweep 신호를 OFF한다.

④ FREQUENCY RANGE SWITCH[❸]와 FREQUENCY CONTROL VR[⑯]로 sweep 상한 주파수를 설정한다.

⑤ SWEEP SWITCH 손잡이[⑮]를 당겨 sweep되게 한다.

⑥ SWEEP WIDTH VR[⑬]을 돌려 sweep 하한 주파수를 맞춘다.

⑦ SWEEP RATE VR[⑮]을 돌려 sweep 속도를 적당히 조절한다.

(3) 출력 파형의 symmetry

출력 파형의 symmetry 조정으로 인하여 파형의 정부 대칭비를 임의로 조정할 수 있으므로 square wave 등을 pulse 또는 saw-tooth wave로 변화시킬 수도 있다.

이는 SYMMERRY VR /SWITCH [⑩]를 당겨 놓고 돌리면 symmetry 비가 변하며 20 : 80에서 80 : 20까지 그 비를 조정할 수 있다.

일반적으로 사용할 경우 SYMMERRY VR /SWITCH [⑩]을 눌러 놓는다.

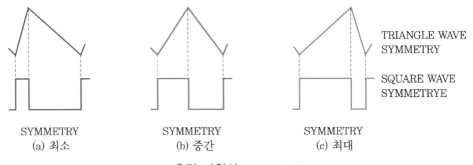

SYMMETRY   SYMMETRY   SYMMETRY
(a) 최소   (b) 중간   (c) 최대

TRIANGLE WAVE SYMMETRY

SQUARE WAVE SYMMETRYE

출력 파형의 symmetry

(4) DC offset

DC OFFSET VR/SWITE[❽]를 당겨 놓고 돌리면 DC offset을 조절할 수 있다. DC offset은 50 Ω 부하 시 ±5 V까지, 무부하 시 ±10 V까지 가변된다.

특히 FUNCTION SWITCH [❹]를 모두 선택하지 않은 상태에서는 DC offset 전압만 출력된다.

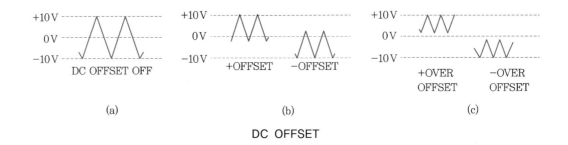

DC OFFSET OFF   +OFFSET   −OFFSET   +OVER OFFSET   −OVER OFFSET

(a)   (b)   (c)

DC OFFSET

(5) VCF 기능

VCF(voltage controlled frequency) 입력 전압에 의해 출력 주파수를 변경시킬 수 있는 기능으로, FREQUENCY CONTROL VR[⑯]의 눈금을 2에 놓았을 경우 최대 100배까지 주파수 변경이 가능하다. VCF 입력 전압은 0∼−10 V이다.

(6) 외부 신호의 주파수 측정

주파수 카운터 입력 신호 선택 스위치[❷]를 EXT로 하고 EXTERNAL COUNTER INPUT CONNECTOR[⑭]에 측정할 신호를 연결한다.

측정 가능 주파수는 5 Hz부터 1 MHz까지이다.

>>> 실습 관련 지식

작품명			브레드 보드 사용 방법		
실습 목표	브레드 보드의 사용 방법을 알고 활용할 수 있다.				
작업 부품	명칭	규격	수량	명칭	규격	수량
	브레드 보드	각종	각 1	회로 시험기	VOM	1
				오실로스코프	2CH	1

◆ 브레드 보드 사용 방법

1. 일반적인 브레드 보드 형태

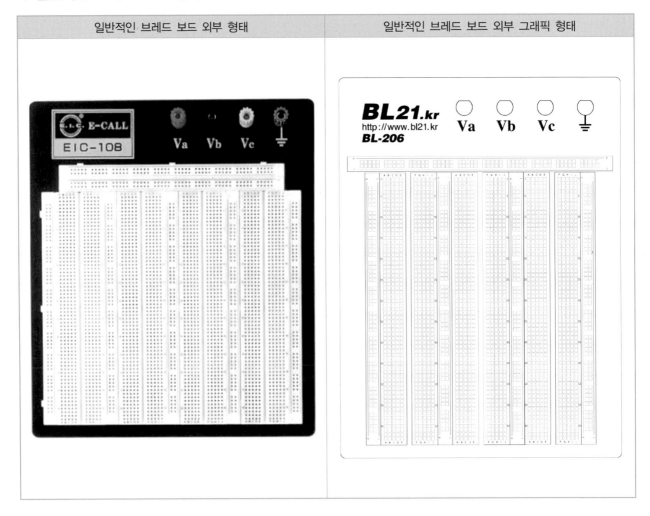

일반적인 브레드 보드 외부 형태	일반적인 브레드 보드 외부 그래픽 형태

일반적인 브레드 보드 형태	일반적인 브레드 보드 설명
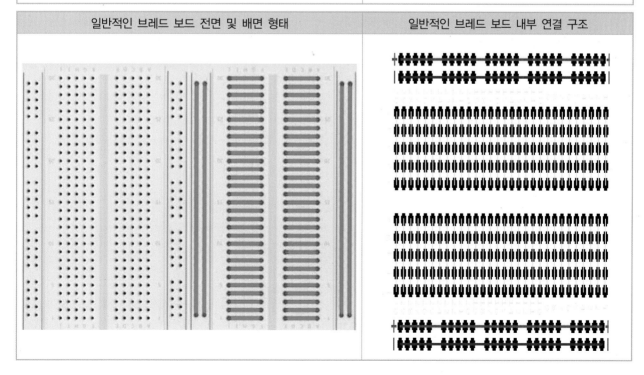	• 브레드 보드(bread board)는 전자회로를 납땜하여 회로를 구성하지 않고 브레드 보드의 내부 결손 상태를 이용하여 점퍼선으로 회로를 구성하여 간편하게 회로 동작을 실험할 수 있도록 구성된 회로 구성판이다. • 브레드 보드 설명 ① 외부 전원 연결 단자(터미널 단자) : 최상부 측에 원으로 표시된 부분은 외부의 전원을 연결하는 단자 ② 브레드 보드의 최우측과 중간 및 최좌측의 세로 블록들 중 적색선으로 표시된 것은 + 전원 블록이고, 청색선으로 표시된 것은 - 전원 블록으로 세로로 연결되어 있다. ③ 가로 방향의 5개 홀(구멍) 부분 : 세로 가로로 연결된 구조이고, 세로로는 서로 떨어져 있는 구조이다. ④ 점퍼선은 끈 부분의 피복을 약 1cm 정도 탈피하여 홀에 삽입하여 연결하도록 한다.

일반적인 브레드 보드 전면 및 배면 형태	일반적인 브레드 보드 내부 연결 구조

브레드 보드의 올바른 사용 예

내부에서 합선이 일어나지 않는다.
(분리된 라인에 꽂았으므로 적절하다.)

적절한 배치

• 브레드 보드의 적절한 사용 예

① 적색 라인 : Vcc(+) 전원 연결 라인(홀)

② 청색 라인 : GND(−) 라인(홀)

③ 연결된 그림에서 세로 5(five) 홀은 수평(연결)/수직(분리)홀

④ LED/저항/다이오드의 적절한 배치 예

⑤ SW/슬라이드 SW의 적절한 배치 예

브레드 보드의 잘못된 사용 예

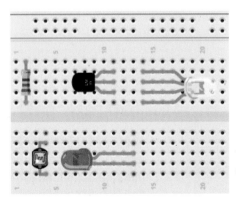

내부에서 합선이 일어난다.
(연결되어 있는 라인에 꽂았기 때문)

부적절한 배치

• 브레드 보드의 부적절한 사용 예

① 적색 라인 : Vcc(+) 전원 연결 라인(홀) − 사용 예 없음

② 청색 라인 : GND(−) 라인(홀) − 사용 예 없음

③ 연결된 5(five) 홀은 수평(연결)/수직(분리)홀 − short

④ LED/저항/다이오드의 적절한 배치 예 − short

⑤ SW/슬라이드 SW의 적절한 배치 예 − short

❖ 실습

작품명		톤 경보기(브레드 보드 사용 방법)				
실습 목표	톤 경보기를 브레드 보드에 제작할 수 있다.					
작업 부품	명칭	규격	수량	명칭	규격	수량
	IC	NE555	1	저항	220Ω	1
	IC	74LS123	1	저항	10kΩ	1
	IC 소켓	14핀/16핀	각 1	전해 콘덴서	0.1μF	1
	반고정 저항	100kΩ	2	마일러 콘덴서	0.1μF	2
작업 기기	명칭	규격	수량	명칭	규격	수량
	직류 전원 장치	1A, 0~30V	1	브레드 보드	일반형	1
	회로 시험기	VOM	1	만능 기판	28X62 기판	1
작업 회로						
브레드 보드 작업 상태						

>>> 측정기 사용법 실습 과제

❖ 실습 1

작품명	부품 극성 찾기(트랜지스터)					

실습 목표	제시된 트랜지스터를 회로 시험기(테스터기)를 사용하여 극성을 기재하고 활용할 수 있다.					
작업 부품	명칭	규격	수량	명칭	규격	수량
	트랜지스터	각종	각 1	회로 시험기	VOM	1

작업 요구 사항	※ 다음 부품의 극성을 읽고 그 극성을 기재하시오.				
	부품 실물	TR	트랜지스터	TR	트랜지스터	
	부품 실물	2SA509 1 2 3	2SA1015 1 2 3	2SC1815 1 2 3	2SD880 1 2 3	SC9013 1 2 3
	부품 극성 표시	○□○ E-C-B	○□○ E-C-B	○□○ E-C-B	○□○ B-C-E	○□○ E-B-C

관련 지식	• 위의 트랜지스터 극성을 측정하여 극성을 찾고자 한다. • 위의 부품을 측정하기 전 테스터기의 레인지 ○에 ● 표시나 ∨ 표시를 하시오. • 테스터의 +/-(P형/N형) 극성을 트랜지스터의 번호에 기재하시오.(예, - 극성(N) ↔ 트랜지스터 1번 단자 + 극성(P) ↔ 트랜지스터 3번 단자 / □□□ ↔ PNP) • 테스터기의 지침이 가리키는 값을 기재하시오. • 제시된 트랜지스터의 극성을 ○□○에 기재하시오. • 트랜지스터의 극성을 찾았다면 E(이미터)와 C(컬렉터) 간 저항값을 측정하여 기재하시오.

평가	• 작품과 실습 지시서를 반드시 제출하고 점검받기 바랍니다.					
	구분	평가 요소	평가 결과			득점
			상	중	하	
	보고서 평가 (I)	• 정상적으로 부품을 판독하였는가?	30	24	18	
		• 요구된 데이터가 정확한가?	20	16	12	
	보고서 평가 (II)	• 정상적으로 부품을 측정하였는가?	20	16	12	
		• 요구된 데이터가 정확한가?	20	16	12	
	작업 평가	• 실습실 안전 수칙을 잘 준수하였는가?	5	4	3	
		• 마무리 정리 정돈을 잘 하였는가?	5	4	3	

마무리	1. 본 결과물을 절취하여 제출한다. 2. 실습 장소를 깨끗이 정리 정돈하고 청소를 실시한다. 3. 위험 요소가 남아 있지 않은지 최종적으로 확인한다.

❖ 실습 2

작품명	부품 극성 찾기(트랜지스터)					
실습 목표	제시된 트랜지스터를 회로 시험기(테스터기)를 사용하여 극성을 기재하고 활용할 수 있다.					
작업 부품	명칭	규격	수량	명칭	규격	수량
	트랜지스터	각종	각 1	회로 시험기	VOM	1

<table>
<tr><td rowspan="4">작업
요구
사항</td><td colspan="6">※ 다음 부품의 극성을 읽고 그 극성을 기재하시오.</td></tr>
<tr><td>부품 명칭</td><td>레귤레이터 IC</td><td>TR / 트랜지스터</td><td>트랜지스터</td><td>TR</td><td>트랜지스터</td></tr>
<tr><td>부품 실물</td><td>LM7805
1 2 3
□□□</td><td>SEC
840
C1173-Y
1 2 3
□□□</td><td>CSC
1061
p9
1 2 3
□□□</td><td>K
D2058
Y 928
1 2 3
□□□</td><td>K
D2058
Y 928
1 2 3
□□□</td></tr>
<tr><td>부품 극성
표시</td><td>○○○
1:입력, 2:GND, 3:출력</td><td>○□○
E-C-B</td><td>○□○
E-C-B</td><td>○□○
E-C-B</td><td>○□○
E-C-B</td></tr>
</table>

관련 지식		• 위의 트랜지스터 극성을 측정하여 극성을 찾고자 한다. • 위의 부품을 측정하기 전 테스터기의 레인지 ○에 • 표시나 ∨표시를 하시오. • 테스터의 +/-(P형/N형) 극성을 트랜지스터의 번호에 기재하시오. (예 - 극성(N) ↔ 트랜지스터 1번 단자 　　　　　　+ 극성(P) ↔ 트랜지스터 3번 단자 / □□□ ↔ PNP) • 테스터기의 지침이 가리키는 값을 기재하시오. • 제시된 트랜지스터의 극성을 ○□○에 기재하시오. • 트랜지스터의 극성을 찾았다면 E(이미터)와 C(컬렉터) 간 저항값을 측정하여 기재하시오.

평가

• 작품과 실습 지시서를 반드시 제출하고 점검받기 바랍니다.

구분	평가 요소	평가 결과			득점
		상	중	하	
보고서 평가 (I)	• 정상적으로 부품을 판독하였는가?	30	24	18	
	• 요구된 데이터가 정확한가?	20	16	12	
보고서 평가 (II)	• 정상적으로 부품을 측정하였는가?	20	16	12	
	• 요구된 데이터가 정확한가?	20	16	12	
작업 평가	• 실습실 안전 수칙을 잘 준수하였는가?	5	4	3	
	• 마무리 정리 정돈을 잘 하였는가?	5	4	3	

마무리	1. 본 결과물을 절취하여 제출한다. 2. 실습 장소를 깨끗이 정리 정돈하고 청소를 실시한다. 3. 위험 요소가 남아 있지 않은지 최종적으로 확인한다.

오실로스코프 측정 실습 연습(Ⅰ)

- **오실로스코프 측정 순서**
  1. 함수 발생기와 오실로스코프를 연결하시오.
  2. 첫 번째로 제시된 예시의 파형이 나오도록 함수 발생기와 오실로스코프를 조정하시오.
  3. 제시된 파형과 같이 사인파가 나오도록 함수 발생기를 조정하시오.
  4. 아래 두 번째 오실로스코프 화면에 오실로스코프에 나타난 파형을 도시하시오.
  5. 나머지 요구된 값을 기재하시오.

---

1. 오실로스코프를 사용하여 함수 발생기의 출력이 <u>정현파</u>, 주파수가 <u>4[kHz]</u>, 전압이 <u>6[V_{P-P}]</u>가 되도록 조정하고, 오실로스코프 상에 나타나는 파형을 아래의 답안지에 그리시오.

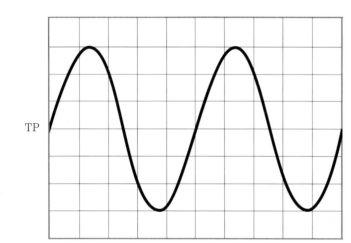

TP

Volt/Div : <u>   1   </u> [V]
Time/Div : <u>   50   </u> [μs]

1. [RMS]

   Measurement : <u> 2.12 </u> [V]

   파라미터

2. [Amplitude]

   Measurement : <u>   3   </u> [V]

   파라미터

3. [주기]

   Measurement : <u> 250 </u> [μs]

   파라미터

---

2. 오실로스코프를 사용하여 함수 발생기의 출력이 <u>구형파</u>, 주파수가 <u>4[kHz]</u>, 전압이 <u>6[V_{P-P}]</u>가 되도록 조정하고, 오실로스코프 상에 나타나는 파형을 아래의 답안지에 그리시오.

TP

Volt/Div : <u>   </u> [   ]
Time/Div : <u>   </u> [   ]

1. [RMS]

   Measurement : <u>   </u> [   ]

   파라미터

2. [Amplitude]

   Measurement : <u>   </u> [   ]

   파라미터

3. [주기]

   Measurement : <u>   </u> [   ]

   파라미터

※ • 단위를 정확하게 기재하시오.
  • 상부 파형과 하부 파형의 윤곽을 정확하게 3개 이상의 점을 찍어 작도하시오.
  • 최종적으로는 반드시 흑색 볼펜을 사용하여 작도하시오.
  • 실 측정 제한 시간은 답안지 기록 시간을 포함하여 (   )분입니다.

오실로스코프 측정 실습 연습(Ⅱ)

■ **오실로스코프 측정 순서**

1. 함수 발생기와 오실로스코프를 연결하시오.
2. 첫 번째로 제시된 예시의 파형이 나오도록 함수 발생기와 오실로스코프를 조정하시오.
3. 제시된 파형과 같이 구형파가 나오도록 함수 발생기를 조정하시오.
4. 아래 두 번째 오실로스코프 화면에 오실로스코프에 나타난 파형을 도시하시오.
5. 나머지 요구된 값을 기재하시오.

---

1. 오실로스코프를 사용하여 저주파 발진기의 출력이 **구형파**, 주파수가 2[kHz], 전압이 5[V_{P-P}]가 되도록 조정하고, 오실로스코프 상에 나타나는 파형을 아래의 답안지에 그리시오.

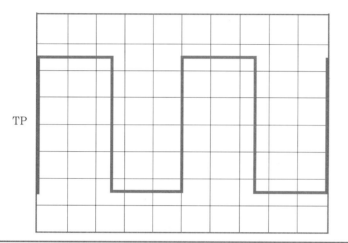

TP

Volt/Div : ____1____ [V]
Time/Div : ____100____ [μs]

1. [주파수]
   Measurement : __2__ [kHz]
   파라미터

2. [Amplitude]
   Measurement : __2.5__ [V]
   파라미터

3. [평균값]
   Measurement : __0__ [V]
   파라미터

---

2. 오실로스코프를 사용하여 저주파 발진기의 출력이 **정현파**, 주파수가 2[kHz], 전압이 4[V_{P-P}]가 되도록 조정하고, 오실로스코프 상에 나타나는 파형을 아래의 답안지에 그리시오.

TP

Volt/Div : _____ [   ]
Time/Div : _____ [   ]

1. [RMS]
   Measurement : _____ [   ]
   파라미터

2. [Amplitude]
   Measurement : _____ [   ]
   파라미터

3. [첨둣값]
   Measurement : _____ [   ]
   파라미터

※ • 단위를 정확하게 기재하시오.
  • 상부 파형과 하부 파형의 윤곽을 정확하게 3개 이상의 점을 찍어 작도하시오.
  • 최종적으로는 반드시 흑색 볼펜을 사용하여 작도하시오.
  • 실 측정 제한 시간은 답안지 기록 시간을 포함하여 (   )분입니다.

오실로스코프 측정 실습 연습(Ⅲ)

■ 오실로스코프 측정 순서

1. 함수 발생기와 오실로스코프를 연결하시오.
2. 첫 번째로 제시된 예시의 파형이 나오도록 함수 발생기와 오실로스코프를 조정하시오.
3. 제시된 파형과 같이 삼각파가 나오도록 함수 발생기를 조정하시오.
4. 두 번째 오실로스코프 화면에 오실로스코프의 파형을 도시하시오.
5. 나머지 요구된 값을 기재하시오.

---

1. 오실로스코프를 사용하여 저주파 발진기의 출력이 <u>삼각파</u>, 주파수가 4[kHz], 전압이 3[V_{P-P}]가 되도록 조정하고, 오실로스코프 상에 나타나는 파형을 아래의 답안지에 그리시오.

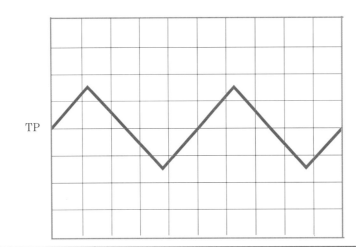

TP

Volt/Div : _____1_____ [V]
Time/Div : _____50_____ [μs]

1. [주 기]
   Measurement : _____250_____ [μs]
   파라미터
2. [Amplitude]
   Measurement : _____1.5_____ [V]
   파라미터
3. [평균값]
   Measurement : _____0_____ [V]
   파라미터

---

2. 오실로스코프를 사용하여 저주파 발진기의 출력이 <u>정현파</u>, 주파수가 2[kHz], 전압이 7[V_{P-P}]가 되도록 조정하고, 오실로스코프 상에 나타나는 파형을 아래의 답안지에 그리시오.

TP

Volt/Div : _____ [   ]
Time/Div : _____ [   ]

1. [주기]
   Measurement : _____ [   ]
   파라미터
2. [Amplitude]
   Measurement : _____ [   ]
   파라미터
3. [평균값]
   Measurement : _____ [   ]
   파라미터

※ • 단위를 정확하게 기재하시오.
  • 상부 파형과 하부 파형의 윤곽을 정확하게 3개 이상의 점을 찍어 작도하시오.
  • 최종적으로는 반드시 흑색 볼펜을 사용하여 작도하시오.
  • 실 측정 제한 시간은 답안지 기록 시간을 포함하여 (   )분입니다.

❖ 실습 3

작품명	오실로스코프 측정 실습(단안정 멀티바이브레이터)					
실습 목표	단안정 멀티바이브레이터를 제작하고 파형을 측정할 수 있다.					
작업 부품	명칭	규격	수량	명칭	규격	수량
	IC	78LS00	1	저항	$150\Omega/470\Omega$	각 1
	IC 소켓	14핀	1	저항	$2k\Omega/3k\Omega/10k\Omega$	각 1
	다이오드	1N4001	2	전해 콘덴서	$100\mu F$	1
	LED	적색-5ϕ	1	마일러 콘덴서	$0.1\mu F$	1
	푸시 버튼 SW	푸시 버튼형	1	다이오드	1N914	1
작업 기기	명칭	규격	수량	명칭	규격	수량
	직류 전원 장치	1A, 0~30V	1	브레드 보드	일반형	1
	오실로스코프	2CH	1	만능 기판	28X62 기판	1

작업 회로

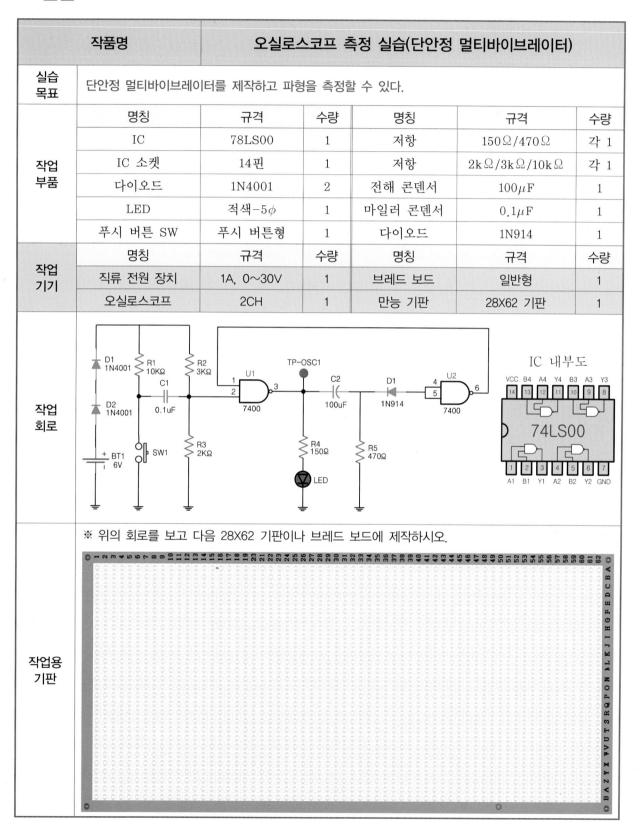

※ 위의 회로를 보고 다음 28X62 기판이나 브레드 보드에 제작하시오.

작업용 기판

작업 요구 사항	1. 단안정 멀티바이브레이터를 제작한다. 2. 단안정 멀티바이브레이터가 정상적으로 동작하지 않을 시 회로를 수정하여 정상 동작이 되도록 한다. 3. 교수님의 지시에 따라 오실로스코프를 해당하는 TP(TEST POINT)에 연결하고 요구 사항에 답한다. 4. 결과를 분석하여 결과 보고서를 작성한다.

TP-OSC1

Volt/Div : _____ [   ]

Time/Div : _____ [   ]

1. [주기]
   Measurement _____ [   ]
   파라미터

2. [Amplitude]
   Measurement _____ [   ]
   파라미터

※ • 단위를 정확하게 기재하시오.
  • 상부 파형과 하부 파형의 윤곽을 정확하게 3개 이상의 점을 찍어 작도하시오.
  • 최종적으로는 반드시 흑색 볼펜을 사용하여 작도하시오.
  • 실 측정 제한 시간은 답안지 기록 시간을 포함하여 (   )분입니다.

• 작품과 실습 지시서를 반드시 제출하고 점검받기 바랍니다.

구분	평가 요소	평가 결과			득점
		상	중	하	
회로도 이해	• 회로를 정상적으로 동작시켰는가?	30	24	18	
	• 회로 제작에 관한 완성도 및 순위는?	20	16	12	
측정 평가	• 파형을 정확하게 도시하였는가?	20	16	12	
	• 파형의 요구된 값을 기재하였는가?	10	8	6	
	• 해당하는 단위를 정확하게 기재하였는가?	10	8	6	
작업 평가	• 실습실 안전 수칙을 잘 준수하였는가?	5	4	3	
	• 마무리 정리 정돈을 잘 하였는가?	5	4	3	

(평가)

마무리	1. 결과물을 제출한다. 2. 실습 장소를 깨끗이 정리 정돈하고 청소를 실시한다. 3. 위험 요소가 남아 있지 않은지 최종적으로 확인한다.

비고	

❖ 실습 4

작품명		오실로스코프 측정(비안정 멀티바이브레이터)				
실습 목표	비안정 멀티바이브레이터를 제작하고 파형을 측정할 수 있다.					
작업 부품	명칭	규격	수량	명칭	규격	수량
	IC	78LS00	1	저항	1.5kΩ	2
	IC 소켓	14핀	1	저항	150Ω	1
	다이오드	1N4001	2	전해 콘덴서	220μF	2
	LED	적색−5ϕ	1			
작업 기기	명칭	규격	수량	명칭	규격	수량
	직류 전원 장치	1A, 0~30V	1	브레드 보드	일반형	1
	오실로스코프	2CH	1	만능 기판	28×62 기판	1
작업 회로						
작업용 기판	※ 위의 회로를 보고 다음 28X62 기판이나 브레드 보드에 제작하시오. 					

1. 비안정 멀티바이브레이터를 제작한다.
2. 비안정 멀티바이브레이터가 정상적으로 동작하지 않을 시 회로를 수정하여 정상 동작이 되도록 한다.
3. 교수님의 지시에 따라 오실로스코프를 해당하는 TP(TEST POINT)에 연결하고 요구 사항에 답한다.
4. 결과를 분석하고 결과 보고서를 작성한다.

작업 요구 사항 (I)

TP-A

Volt/Div : _____ [   ]

Time/Div : _____ [   ]

1. [주기]

   Measurement _____ [   ]

   파라미터

2. [Amplitude]

   Measurement _____ [   ]

   파라미터

TP-B

Volt/Div : _____ [   ]

Time/Div : _____ [   ]

주파수 : _____ [   ]

TP-C

Volt/Div : _____ [   ]

Time/Div : _____ [   ]

주파수 : _____ [   ]

작업 요구 사항 (II)	**[작업 요구 사항 I에 연결하여]**
	1. 비안정 멀티바이브레이터를 제작한다.
	2. 비안정 멀티바이브레이터가 정상적으로 동작하지 않을 시 회로를 수정하여 정상 동작이 되도록 한다.
	3. 교수님의 지시에 따라 오실로스코프를 해당하는 TP(TEST POINT)에 연결하고 요구 사항에 답한다.
	4. 결과를 분석하여 결과 보고서를 작성한다.

TP-D

Volt/Div : _____ [   ]

Time/Div : _____ [   ]

주파수 : _____ [   ]

평가

● 작품과 실습 지시서를 반드시 제출하고 점검받기 바랍니다.

구분	평가 요소	평가 결과			득점
		상	중	하	
회로도 이해	• 회로를 정상적으로 동작시켰는가?	30	24	18	
	• 회로 제작에 관한 완성도 및 순위는?	20	16	12	
측정 평가	• 파형을 정확하게 도시하였는가?	20	16	12	
	• 파형의 요구된 값을 기재하였는가?	10	8	6	
	• 해당하는 단위를 정확하게 기재하였는가?	10	8	6	
작업 평가	• 실습실 안전 수칙을 잘 준수하였는가?	5	4	3	
	• 마무리 정리 정돈을 잘 하였는가?	5	4	3	

마무리	1. 결과물을 제출한다. 2. 실습 장소를 깨끗이 정리 정돈하고 청소를 실시한다. 3. 위험 요소가 남아 있지 않은지 최종적으로 확인한다.
비고	

❖ 실습 5

작품명	오실로스코프 측정(NE555를 이용한 비안정 MV)					
실습 목표	타이머 IC를 이용한 비안정 멀티바이브레이터를 제작하고 파형을 측정할 수 있다.					
작업 부품	명칭	규격	수량	명칭	규격	수량
	IC	NE555	1	저항	150Ω	1
	IC 소켓	8핀	1	저항	10kΩ	2
	다이오드	1N4001	2	전해 콘덴서	$10\mu F$	1
	LED	적색-5ϕ	1	마일러 콘덴서	$0.33\mu F(334)$	1
작업 기기	명칭	규격	수량	명칭	규격	수량
	직류 전원 장치	1A, 0~30V	1	브레드 보드	일반형	1
	오실로스코프	2CH	1	만능 기판	28×62 기판	1

작업 회로

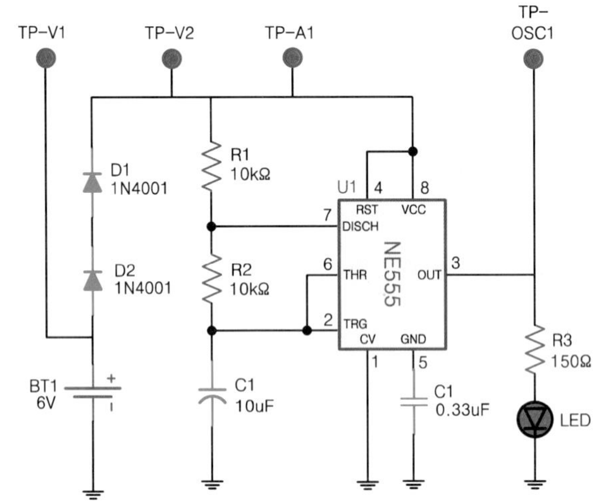

작업용 기판

※ 위의 회로를 보고 다음 28X62 기판이나 브레드 보드에 제작하시오.

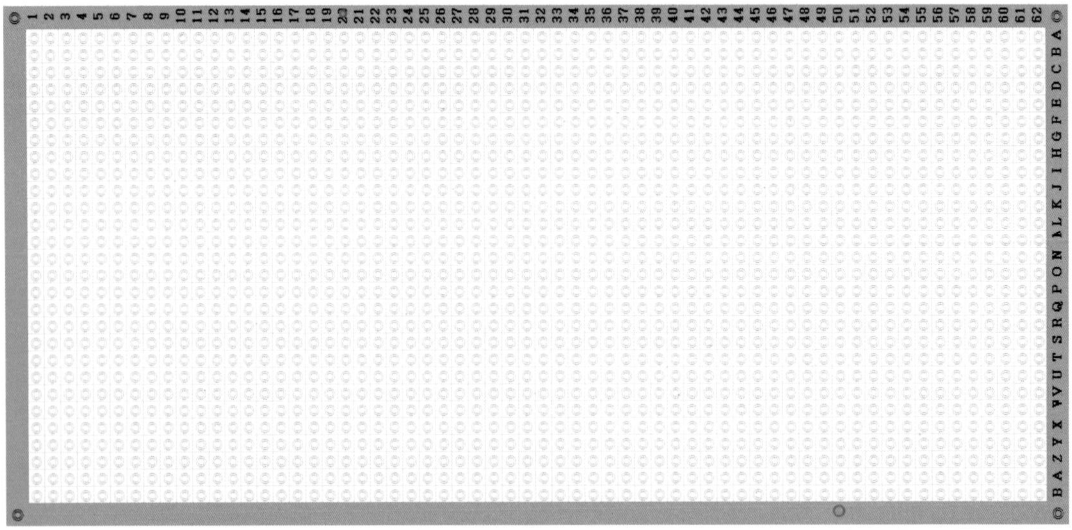

1. 타이머 IC를 이용한 비안정 멀티바이브레이터를 제작한다.
2. 타이머 IC를 이용한 비안정 멀티바이브레이터가 정상적으로 동작하지 않을 시 회로를 수정하여 정상 동작이 되도록 한다.
3. 교수님의 지시에 따라 다음에 지시하는 TP(TEST POINT)의 값을 측정기로 측정하여 그 값을 기재하시오.
4. 교수님의 지시에 따라 다음에 지시하는 TP-OSC1 지점에서 오실로스코프를 이용하여 파형을 측정하고, 제시된 부분에 해당하는 파형을 적절하게 도시하고 해당하는 요구된 값을 기재하시오.
5. 결과를 분석하여 결과 보고서를 작성한다.

요구 사항 1
• TP-V1의 전압을 회로 시험기(테스터기)로 측정하여 기입하시오.
　　　　　　　　　[　　　V]

요구 사항 2
• TP-V2의 전압을 회로 시험기(테스터기)로 측정하여 기입하시오.
　　　　　　　　　[　　　V]

요구 사항 종합
• 위 측정 결과 TP-V1과 TP-V2에 전압 차가 생겼다면 그 이유가 무엇인지 간단하게 기술하시오.

요구 사항 3
• TP-A1 지점의 전류를 회로 시험기(터스터기)로 측정하여 기입하시오.
　　　　　　　　　[　　　A]

※ 전류는 측정하고자 하는 지점을 단락(절단)하고, 그 사이에 테스터기의 레인지를 적절한 전류 측정 위치에 설정하고 측정합니다.

요구 사항 4
• TP-OSC1 지점을 오실로스코프로 측정하고, 그 파형을 다음 화면에 작도하고 우측 칸에 요구하는 값을 기재하시오. 또한, 단위 역시 정확하게 기재하시기 바랍니다.

TP-OSC1

Volt/Div : _____ [　]

Time/Div : _____ [　]

1. [주기]
   Measurement _____ [　]
   파라미터

2. [Amplitude]
   Measurement _____ [　]
   파라미터

작업 요구 사항 (I)

작업 요구 사항 (II)	※ 본 실습을 통해 학습한 내용을 간단히 항목별로 기재하시오. 1. 비안정 멀티바이브레이터의 주파수를 계산하시오. 2. 비안정 멀티바이브레이터의 파형값이 측정값과 계산값이 차이나는 이유를 간단히 기재하시오. 3. 본 실습의 포인트에서 측정한 측정값과 다른 이유와 원인 및 대책을 기술하시오.

• 작품과 실습 지시서를 반드시 제출하고 점검받기 바랍니다.

평가	구분	평가 요소	평가 결과			득점
			상	중	하	
	회로도 이해	• 회로를 정상적으로 동작시켰는가?	30	24	18	
		• 회로 제작에 관한 완성도 및 순위는?	20	16	12	
	측정 평가	• 요구 사항 1/2/3에 정확하게 답하였는가?	10	8	6	
		• 요구 사항 4의 파형을 정확하게 도시하였는가?	10	8	6	
		• 파형의 요구된 값을 기재하였는가?	10	8	6	
		• 해당하는 단위를 정확하게 기재하였는가?	10	8	6	
	작업 평가	• 실습실 안전 수칙을 잘 준수하였는가?	5	4	3	
		• 마무리 정리 정돈을 잘 하였는가?	5	4	3	

마무리	1. 결과물을 제출한다. 2. 실습 장소를 깨끗이 정리 정돈하고 청소를 실시한다. 3. 위험 요소가 남아 있지 않은지 최종적으로 확인한다.

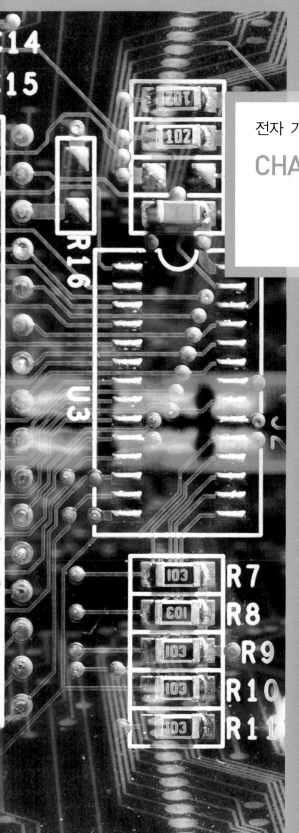

전자 기초 실기/실습

CHAPTER

03

정류 회로

1 ● 정류 회로의 개요

정류 회로는 직류 전원 회로에서 교류를 직류로 변환하는 역할을 한다.

1-1 정류의 개념

정류는 P-N 접합 다이오드에서 순방향으로는 전류가 잘 흐르지만, 역방향으로는 전류가 흐르지 못하는 특성, 즉 다이오드의 정류 작용을 이용하여 양의 전압과 음의 전압이 규칙적으로 반복되는 교류를 양(+) 전압으로 변환하여 맥류로 만드는 것이다. 정류기에 의해 교류를 정류한 직류가 맥류이다.

1-2 교류 전원 회로에서 정류 회로

변압기(transformer)로부터 출력된 음(-)과 양(+)이 반복되는 교류 전기는 정류 회로에서 양(+)의 성분만 포함된 전기로 변환된다.

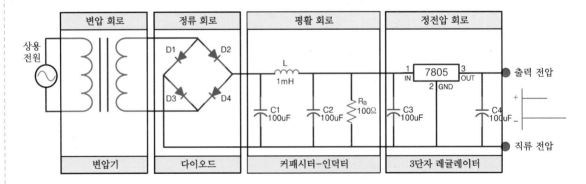

상용 교류 전원은 우리나라의 경우에는 220V/60Hz인데 이것을 변압 회로를 거치면서 필요한 전원인 하강 전원이나 상승 전원으로 변환한다. 이 전압은 교류 상태이므로 정류 회로를 거치면서 맥류로 변환되고 직류화되는 것이다. 그러나 이러한 과정을 거친다고 하여도 완전한 직류가 된 것이 아니므로 이 상태에서는 맥류화된 전압이므로, 여기에 포함된 리플 교류 성분을 제거하는 과정이 필요하다. 이 리플 성분을 제거하는 회로가 평활 회로(smoothing circuit)이다. 이 평활 회로 과정을 거쳐도 안정된 전압을 공급하는 것은 부하의 변동이나 부하 회로의 변동에 의해 전압이 변하므로, 이를 안정화시키기 위한 정전압 안정화 회로가 필요하다.

변압 회로는 상용 전원을 승압시키거나, 강압시키는 역할을 하는데, 여기에서는 간단하게 강압 변압 회로를 소개하고자 한다. 예를 들어 1차측 권선비와 2차측 권선비에 따라 강압이 이루어지는데, 강압인 경우에는 1차측 권선, 즉 상용 전원을 걸어주는 측의 권선비에 따라서 2차측 권선비를 적절하게 정해주면 요구된 전원을 얻을 수 있다. 예를 들어 220V/60Hz 교류 전압을 1차측에 가할 경우, 1차측 권선을 1000회 권선하고, 2차측의 권선을 100회 권선하였다면, 2차측에서 나오는 전압은 22V/60Hz 전압을 얻을 수 있다. 따라서 권선비에 따라서 요구된 전압을 얻을 수 있다. 물론 권선의 굵기와 길이 등을 잘 계산하여야 한다.

(1) 반파 정류 회로

반파 정류 회로는 가장 간단한 정류 회로로서 교류 성분 중 양(+)과 음(−)의 2종류의 전기 중 한쪽만을 통과시키므로 반파 정류라 하는데, 주파수가 높을수록 교류를 직류로 변환할 때 직류가 되지 못하고 남아 있는 교류 성분으로서 리플(ripple) 잡음이 적기 때문에 주파수가 높은 스위칭 모드 전원 회로(switching mode power supply)에 사용된다. 정류 회로 중 가장 구성적인 면에서 간단하지만 효율은 반으로 떨어진다.

보통 상용 전원의 전압 크기는 실횻값을 의미하는데 첨둣값 V_{max}은 실횻값에 $\sqrt{2}$ 를 곱해 주어야 한다. 출력 전압의 평균값 V_{dc}는 출력 반파 정류 전압의 면적이다. 예를 들어 상용 전원이 변압기를 거쳐 출력되는 전압 V_1이 10V일 경우, 이 전압은 실횻값이므로 V_1 과 V_2의 첨둣값 V_{max} 는

$$V_{1max} = V_{2max} = \sqrt{2}\, V_{rms} ≒ 14V$$

출력파형의 평균값 V_{dc}

$$V_{dc} = \frac{V_{max}}{\pi} ≒ 4.5V$$

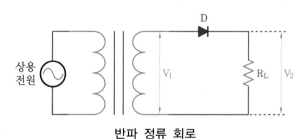

반파 정류 회로

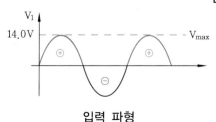

입력 파형

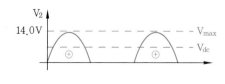

출력 파형

(2) 전파 정류 회로

교류 성분의 양(+)과 음(−) 2종류의 전기 모두를 한쪽 방향으로 흐르게 하는 정류 회로이다. 전파 정류 회로는 다음에 소개하는 브리지 정류 회로와 유사한 정류 효율을 갖지만 2차 권선을 감는 중에 중간 탭을 만들어야 하므로 권선 감는 인건비와 무게가 무거워진다는 단점이 있다.

보통 상용 전원이 변압기를 거쳐 출력된 전압 V_1인데 이것은 실횻값을 의미하는데, 이 전압이 10V일 때, V_1의 첨둣값 $V_{o\max}$는 $V_{o\max} = V_{1\max}$이므로 첨둣값 $V_{o\max}$은 실횻값에 $\sqrt{2}$를 곱해 주어야 한다. V_o는 변압기의 중간 탭이 있으므로 $V_o = \frac{1}{2} V_1$이고, 출력 전압의 평균값 V_{dc}는 $\frac{V_{\max}}{\pi} V_{o\max}$이다. 예를 들어 상용 전원이 변압기를 거쳐 출력되는 전압 V_1이 10V일 경우

$$V_{o\max} = \sqrt{2}\, V_{\mathrm{rms}} \fallingdotseq 14\,\mathrm{V}$$

$$V_o = \frac{1}{2} V_1 \fallingdotseq 7\,\mathrm{V}$$

$$V_{dc} = \frac{2}{\pi} V_{o\max} \fallingdotseq 10.8\,\mathrm{V}$$

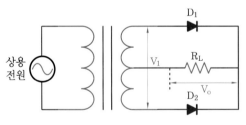

전파 정류 회로

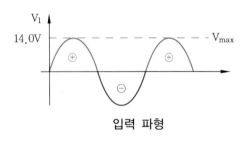

입력 파형

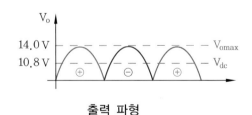

출력 파형

(3) 브리지 정류 회로

정류 회로 중 정류 효율이 가장 높아 가장 많이 사용되는 브리지 정류 회로이다. 최근에는 하나의 반도체 칩으로 브리지 정류 회로를 구성할 수 있는 부품이 생산되어 부피가 작고 간단하게 브리지 정류 회로를 구성할 수 있다. 따라서 실용성도 많이 높아졌다. 브리지 정류 회로는 4개의 다이오드를 브리지 형태로 구성하여 다이오드 순방향 전압 강하 V_F가 2배가 된다는 단점이 있다. 예를 들어, 브리지 정류 회로의 출력 전압은 상용 전원이 변압기를 거쳐 출력되는 전압 V_1이 10V일 경우, 이 전압은 실횻값이므로 V_1과 V_o의 첨둣값 $V_{\max}$는

$$V_{\max} = V_{o\max} = \sqrt{2}\ V_{\mathrm{rms}} ≒ 14.0\mathrm{V}$$
$$V_o = V_1 = 14.0\mathrm{V}$$

출력 전압의 평균값은

$$V_o = \frac{2}{\pi}\ V_{\max} ≒ 9.0\mathrm{V}$$

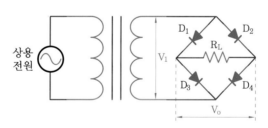

브리지 정류 회로

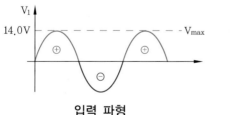

입력 파형

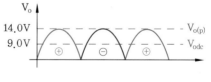

출력 파형

2 ● 평활 회로

정류기(rectifier)의 출력은 직류 전압이지만 맥동하는 교류 성분이 남아 있는 불안정한 직류 전압이다. 평활 회로는 맥류 전류에서 교류 전압을 제거하고 평활한(smooth) 직류 성분만을 필터(filter)하는 회로이다. 직류는 0 Hz이므로 저주파 필터 형태의 인덕터(L)와 커패시터(C)를 사용하여 평활 회로를 구성한다.

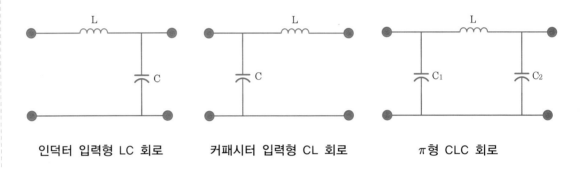

인덕터 입력형 LC 회로   커패시터 입력형 CL 회로 π형 CLC 회로

아무리 평활 회로인 필터를 사용한다고 하여도 완벽하게 필터의 특성상 100% 교류 성분을 제거한다는 것은 불가능하므로 약간의 교류 성분이 남아 있는 리플 잡음(ripple noise)이 존재하게 된다. 그러므로 평활 회로는 맥류 속에 포함된 고주파의 교류 성분과 잡음을 최대한 제거하여 저주파의 직류 성분만 출력하기 위한 저역 통과 필터(LPF : Low Pass Filter)를 사용한다.

2-1 평활 회로의 기능

평활 회로는 낮은 주파수 신호는 통과시키고 높은 주파수 신호는 차단하는 회로이며, 잡음 제거용으로 많이 사용한다. 이것은 커패시터(C)나 인덕터(L) 또는 저항(R)을 사용하여 고주파 성분 등의 잡음을 없애주는 회로이며, 저역 통과 필터(LPF)를 사용한다. 저역 통과 필터에 사용되는 커패시터나 인덕터의 용량이 클수록 잡음을 줄이는 효과는 크지만, 비용이 올라가므로 목적에 맞게 적정한 용량을 결정하는 것이 중요하다.

2-2 리플 잡음의 특성

리플 잡음은 직류 전원 불안정의 원인이 되고, 직류 전원의 불안정은 시스템의 정상적인 동작을 어렵게 할 뿐만 아니라 고장의 원인이 된다.

2-3 인덕터의 특징

인덕터에 의한 유도 리액턴스(X_L)는 저주파에서는 리액턴스가 작아서(극단적으로 직류에서는 $X_L = 0$) 전류가 잘 흐르지만, 고주파에서는 리액턴스가 커서 전류가 잘 흐르지 못한다. 그러므로 주파수의 변화에 따른 전류의 변화에 대해 역기전력이라는 특성으로 교류의 흐름을 차단하고, 직류는 그대로 통과시키는 특성이 있으므로 회로 구성 시에 직렬로 배치하는 것이 바람직하다.

2-4 커패시터의 특징

커패시터에 의한 용량 리액턴스(X_c)는 저주파에서는 리액턴스가 커서(극단적으로 직류에서는 $X_c = \infty$) 전류가 흐르기 힘들지만, 고주파에서는 리액턴스가 작아서 전류가 잘 흐른다. 그러므로 커패시터는 잡음 성분이 포함된 고주파수 성분의 교류 성분은 잘 통과시키지만 직류를 차단하는 특성을 가지고 있어서 회로 구성 시에 병렬로 배치하는 것이 바람직하다.

구분	고주파	저주파	연결 구조
인덕터	차단	통과	직렬 연결
커패시터	통과	차단	병렬 연결
기능	고주파수 접지로 내보냄	저주파수 출력단으로 내보냄	직류 성분 추출

2-5 리플 잡음

평활 회로를 거쳐도 직류 전원에 남아 있는 교류 성분인 리플 잡음을 완벽하게 제거할 수는 없다. 교류 전원이 입력되는 경우 아무리 평활 회로를 거친다고 하여도 완벽하게 교류 성분을 제거하기는 불가능하다. 이러한 리플 잡음을 최대한 줄일 수 있도록 전원 회로를 설계하는 것이 중요한 요소이다. 이러한 리플 잡음은 평활 회로의 커패시턴스의 용량이 클수록 작아지지만 용량을 무한적으로 키우는 것도 문제가 있고, 시스템의 동작에 영향을 끼치지 않을 정도로 리플 잡음 크기를 제한하여 설계한다. 그러므로 평활 회로는 이러한 특성을 고려하여 인덕터 입력형 LC 회로, 커패시턴스 입력형 CL 회로, 이 두 가지 회로를 복합적으로 구성한 π형 CLC 회로가 있다.

2-6 블리더 저항

블리더(bleeder) 저항은 평활 회로에 사용되는 커패시터의 방전 통로 역할을 한다. 정류 회로에서 갑자기 전원이 차단되었을 때, 커패시터에 충전되었던 대용량의 전하는 방전 통로가 없으면 그대로 커패시터에 충전된 상태가 유지될 수 있어서 커패시터에 남아 있는 잔류 전하는 제품의 제작이나 전원을 제품에 연결하였을 때, 제품을 손상시키거나 유지 보수 과정 시에 작업자에게 감전의 위해를 가하는 요소가 될 수 있으므로 블리더 저항은 회로의 안전을 위해 필요한 저항이다.

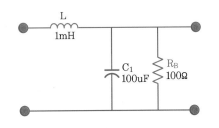

인덕터 입력형 LC 회로의 블리더 저항

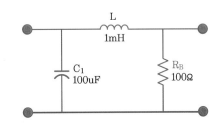

커패시턴스 입력형 CL 회로의 블리더 저항

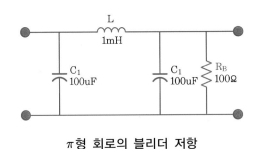

π형 회로의 블리더 저항

2-7 π형 평활 회로의 종류

(1) 인덕터 입력형 LC 회로

인덕터 입력형 LC 회로는 저주파 신호가 입력되었을 때 유도 리액턴스보다 용량 리액턴스가 더 크기 때문에 대부분의 저주파 성분이 출력된다. 반대로, 고주파 신호가 입력되면 유도 리액턴스가 용량 리액턴스보다 더 크기 때문에 고주파 성분은 출력되지 못한다. 이러한 특성 때문에 인덕터는 고주파를 차단하고 저주파를 통과시키며, 커패시터는 저주파를 통과시키고 고주파를 접지 쪽으로 흘려보내 저주파를 포함한 직류 성분만 출력한다.

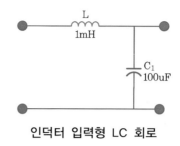

인덕터 입력형 LC 회로

(2) 커패시터 입력형 CL 회로

커패시터 입력형 CL 회로에서 인덕터와 커패시터에 의한 리액턴스의 역할은 인덕터 입력형 LC 회로에서와 동일하다. 입력단에서 먼저 커패시터에 의해 고주파 성분을 접지로 흘려보내고 저주파 성분은 인덕터를 통해 출력으로 전달된다. 일반적으로 잡음은 고주파 성분이므로 커패시터와 인덕터에 의해 고주파는 제한되고, 저주파를 포함한 직류 성분만 출력시킴으로써 잡음을 제거한다.

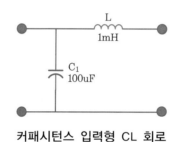

커패시턴스 입력형 CL 회로

(3) π형 CLC 회로

π형 필터 회로는 인덕터 입력형 LC 회로와 커패시터 입력형 CL 회로를 결합한 형태이다. π형 필터 회로는 입력과 출력에서 고주파 성분을 걸러 주므로 평활 성능이 우수하여 널리 사용되고 있으나, 회로가 복잡하다는 단점이 있다. π형 필터 회로는 가격과 크기 등의 이유로 인덕터를 저항으로 대체한 CRC 필터가 사용되기도 한다. 저항을 사용한 CRC 필터가 인덕터를 사용한 CLC 필터보다 성능은 떨어지지만 가격이 저렴하고 원하는 소자 값을 구하기도 쉬워서 많이 사용된다.

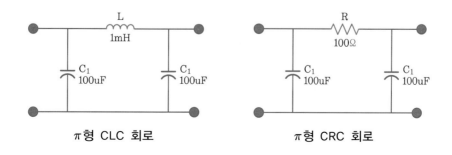

π형 CLC 회로   π형 CRC 회로

3 ● 정전압 회로

정전압 회로는 입력 전원 변동 및 부하의 변동에 따라 전압 변동이 발생할 수 있으므로, 안전된 직류 전원을 유지하기 위한 전압 안정화 회로(regulator)가 필요하다.

3-1   입력 전압 변동에 따른 출력 전압의 안정성

산업용이든 가정용 교류 전원의 변동, 1차측 입력 전압의 변동이 1차측에서 발생하지만, 이것은 변압기를 통해 2차측 변압기 출력 전압을 변동시키는 원인이 되고, 정류 회로의 직류 출력에도 그 변화량이 나타나 전압 변동의 원인이 된다.

3-2   부하 전류의 변화에 대한 출력 전압의 안전성

전원 회로의 부하 저항의 변동으로 전류의 변동이 발생하고, 부하 전류의 변동은 출력 전압을 변동시키게 된다. 이러한 영향으로 부하 전류가 갑자기 증가하게 되면 그에 따른 출력 전압이 감소하여 장비 오작동이 나타날 수 있어서 안정된 전압을 공급하는 것이 대단히 중요하다.

3-3   정전압 회로의 종류

정전압 안정화 회로의 종류는 제너 다이오드를 사용하는 간단한 회로에서부터 트랜지스터, 정전압 IC를 사용하는 회로까지 매우 다양하다. 요즘 추세는 정전압 IC를 많이 사용한다.

(1) 제너 다이오드를 이용한 정전압 회로

특정한 역방향 전압에 대해 급격한 항복 특성을 갖는 제너 다이오드(zener diode)의 특성은 출력 전압 V_o를 다이오드의 항복전압 V_z 이내로 제한하는 데 사용된다. 제너 다이오드에 역방향 전압을 가하면, 특정 전압까지는 전류가 흐르지 않지만, 특정 전압을 넘어가면 급격히 전류가 흐르면서 전압을 일정하게 유지하는 특성인 항복 전압 특성을 이용하여 전압을 안정화시킨다.

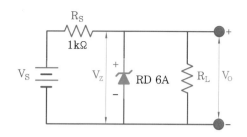

제너 다이오드를 이용한 정전압 회로

항복 전압보다 높은 입력 전압은 제너 다이오드를 통해 빠져나가 전압 안정화를 유지한다.

입력 전압 V_s 중에서 V_z보다 높은 불필요한 전압은 제너 다이오드의 항복 전압 특성으로 인해 제너 다이오드 방향으로 흘려 보냄으로써 출력 전압은 항상 안정된 $V_o = V_z$가 된다. 출력 전압의 변동을 억제하기 위해서는 되먹임 회로를 추가하면 더욱 안정된 정전압 회로를 구성할 수 있다.

(2) 트랜지스터로 구성한 정전압 회로

제너 다이오드를 이용한 정전압 회로는 전압의 변동이 크고, 전력 소모가 많은 회로에 사용하기 어렵다는 단점이 있다.

트랜지스터는 출력 전압이 낮아지면 자동적으로 출력 전압을 높이고, 출력 전압이 높아지면 낮아지도록 조정하는 역할을 한다. 또한 트랜지스터의 전류 증폭 작용으로 큰 전류를 공급한다. 제너 다이오드는 기준 전압 V_z를 설정하며, 출력 전압 $V_o = V_z - V_{BE}$로 일정하다.

출력 전압 V_o가 감소하면 트랜지스터의 V_{BE}가 증가하는데, 이는 트랜지스터의 컬렉터 전류 I_c를 증가시켜 부하에 공급하는 전류 증가로 이어져 출력 전압이 상승하도록 한다.

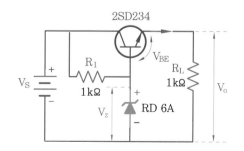

트랜지스터로 구성한 정전압 회로

(3) 3단자 레귤레이터 IC를 이용한 정전압 회로

3단자 레귤레이터 IC를 사용할 경우에는 입력 및 출력 양단에 커패시터를 연결하여야 한다. 입력단 커패시터는 발진 방지용, 출력단 커패시터는 출력 전압의 과도 응답에 대한 과도 응답 방지용으로 필요하다. 커패시터는 레귤레이터 IC와 가깝게 연결하는 것이 잡음 발생 등에 영향을 덜 받는다. 그러나 레귤레이터 IC에서 발생하는 열을 방열판으로 식혀 주어야 하기 때문에 이를 고려하여 설계하는 것이 좋다.

LM7805 레귤레이터 IC를 사용할 경우 입력단에 커패시터를 100μF를 달아서 발진을 방지하고, 출력단에 100μF를 달아서 출력 전압의 과도 응답을 방지한다.

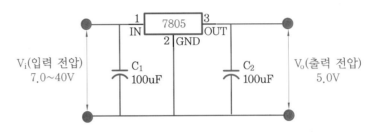

3단자 레귤레이터 IC를 이용한 정전압 회로

출력 전압을 가변하기 위해서는 79XX 시리즈 레귤레이터 IC를 사용하여 설계하면 된다.

4 스위칭 레귤레이터를 이용한 정전압 회로

간단한 정전압 회로를 사용할 때에는 리니어(Linear) 방식의 전압 안정화 회로를 사용한다. 좀 더 복잡한 전원을 구성하고자 할 경우에는 사용 전력이 수십 와트(W) 이상으로 큰 경우 리니어 방식은 전력 변환 효율이 낮아 전력 소모가 심하고 복수 전원 설계상의 어려움이 있으며, 방열 대책의 필요성 등의 문제점이 나타나게 된다. 그러므로 회로는 조금 복잡하더라도 부피가 작고 전력 변환 효율도 월등히 뛰어난 스위칭(switching) 방식의 레귤레이터를 사용하게 된다.

리니어 레귤레이터 방식은 레귤레이터 내부에서 소비되는 전력 소모는 전체 전력 소모가 55%인데 비해 전력 손실은 40%를 차지하는 만큼 대부분의 전력 소모가 발생하지만, 스위칭 방식의 레귤레이터를 사용하면, 레귤레이터 내부에서 소비되는 전력 소모가 거의 0%에 가까워서 전력 변환 효율이 100%에 가깝게 된다.

이러한 장점은 최근 환경 친화적인 에너지 사용 캠페인에 발맞춰 절전형 전원 회로에 대한 수요가 커짐에 따라 여러 가지 응용 회로가 연구되고 있다.

스위칭 방식은 입력 전압이 높을 때와 낮을 때 스위칭하는 시간을 조절함으로써 출력 전압을 항상 일정하게 유지하는 방식이다. 입력 전압이 높으면 t_{on} 시간을 짧게 조절하고 반대로 입력 전압이 낮으면 출력 전압 t_{on} 시간을 길게 함으로써 입력 전압 변동에 관계없이 전체 시간 T 구간 내의 평균 전압을 일정하게 유지한다. 또한, 트랜지스터의 ON/OFF 스위칭 동작이 전력 소모가 거의 없는 트랜지스터의 포화, 차단 영역에서 이루어지므로 내부의 전력 소모가 없는 장점이 있다.

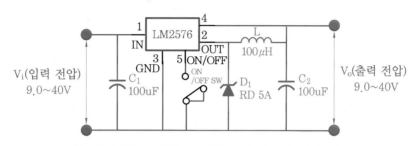

레귤레이터를 이용한 스위칭 방식 정전압 제어 회로

>>> 정류 회로 실습 과제

❖ 실습 1

작품명	저역 통과 필터 특성 측정					
실습 목표	저역 통과 필터를 제작하고 특성을 측정할 수 있다.					
작업 부품	명칭	규격	수량	명칭	규격	수량
	저항	1kΩ(1/4W)	1	세라믹 콘덴서	2.2nF	1
작업 기기	명칭	규격	수량	명칭	규격	수량
	직류 전원 장치	0~30V/2A	1	신호 발생기	1GHz 이상	1
	오실로스코프	60MHz 이상	1	브레드 보드	일반형	1
	회로 시험기	VOM	1	만능 기판	28×62 기판	1
작업 회로						
작업용 기판	위 회로를 다음 기판에 조립하시오. 					

작업 요구 사항	1. 정상적으로 조립을 완성한 후 신호 발생기를 입력측에, 오실로스코프를 출력측에 설치하시오. 2. 신호 발생기의 출력 신호 진폭을 2Vp-p로 설정하고, 주파수를 10kHz에서 110kHz까지 　 10kHz 간격으로 높이면서 오실로스코프로 출력 신호 진폭을 측정하여 기록한다. 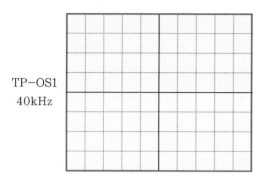 TP-OS1　　　　　　　　　　　　　　　　TP-OS2 40kHz　　　　　　　　　　　　　　　　　80kHz

Volt/DIV : [　V]	Time/DIV : [　s]
주파수 : 　　　　[　Hz]	

Volt/DIV : [　V]	Time/DIV : [　s]
주파수 : 　　　　[　Hz]	

※ 위 두 개의 파형을 그리고, 그 값을 적은 후 차이가 나는 이유를 기술하시오.

1. 신호 발생기의 변화에 대한 반응 결과를 기재하시오.

● 작품과 실습 지시서를 반드시 제출하고 점검받기 바랍니다.

구분	평가 요소	평가 결과			득점	
		상	중	하		
회로도 이해	• 회로를 정상적으로 동작시켰는가?	20	16	12		
	• 회로 제작에 관한 완성도 및 순위는?	10	8	6		
	• 부품 배치 및 결선 상태는 적절한가?	10	8	6		
측정 평가	• 신호 발생기를 정상적으로 다루는가?	20	16	12		
	• 오실로스코프 측정값을 기재하였는가?	30	24	18		
작업 평가	• 실습실 안전 수칙을 잘 준수하였는가?	5	4	3		
	• 마무리 정리 정돈을 잘 하였는가?	5	4	3		

평가

마무리	1. 결과물을 제출한다. 2. 실습 장소를 깨끗이 정리 정돈하고 청소를 실시한다. 3. 위험 요소가 남아 있지 않은지 최종적으로 확인한다.

❖ 실습 2

작품명	전파 정류 회로 특성 실습					
실습 목표	전파 정류 회로를 제작하고 특성을 측정할 수 있다.					
작업 부품	명칭	규격	수량	명칭	규격	수량
	변압기	1차 : 110/220V 2차 : 12V/2A	1	다이오드	1N4001	2
	저항	100Ω(1/2W)	1	퓨즈/퓨즈 홀더	220V/10A	각 1
	드릴날	3.5mm	1	변압기 고정용 나사	수나사/암나사 (L:15mm/ϕ3mm)	각 2개
작업 기기	명칭	규격	수량	명칭	규격	수량
	직류 전원 장치	0~30V/2A	1	신호 발생기	1GHz 이상	1
	오실로스코프	60MHz 이상	1	브레드 보드	일반형	1
	회로 시험기	VOM	1	만능 기판	28×62 기판	1
작업 회로						
작업용 기판	위 회로를 다음 기판에 조립하시오. 					

작업 요구 사항	1. 정상적으로 조립을 완성한 후 변압기의 다음 요구된 전압값을 측정하시오. 2. TP-OS1 지점과 TP-OS2 지점의 파형을 측정하여 다음에 그리고, 측정시의 값을 기재하시오.

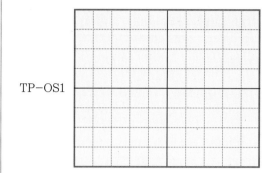

TP-OS1

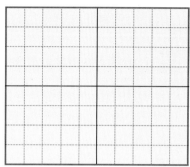

TP-OS2

Volt/DIV : [V]	Time/DIV : [s]
주파수 : [Hz]	

Volt/DIV : [V]	Time/DIV : [s]
주파수 : [Hz]	

※ 위 두 개의 파형을 그리고, 그 값을 적은 후 차이가 나는 이유를 기술하시오.

※ V_1의 전압값을 테스터로 측정하여 기재하시오.   (V)

※ V_o의 전압값을 테스터로 측정하여 기재하시오.   (V)

평가

● 작품과 실습 지시서를 반드시 제출하고 점검받기 바랍니다.

구분	평가 요소	평가 결과			득점
		상	중	하	
회로도 이해	● 회로를 정상적으로 동작시켰는가?	20	16	12	
	● 회로 제작에 관한 완성도 및 순위는?	10	8	6	
	● 부품 배치 및 결선 상태는 적절한가?	10	8	6	
측정 평가	● 오실로스코프 측정값을 기재하였는가?	30	24	18	
	● 테스터의 측정값을 기재하였는가?	20	16	12	
작업 평가	● 실습실 안전 수칙을 잘 준수하였는가?	5	4	3	
	● 마무리 정리 정돈을 잘 하였는가?	5	4	3	

마무리	1. 결과물을 제출한다. 2. 실습 장소를 깨끗이 정리 정돈하고 청소를 실시한다. 3. 위험 요소가 남아 있지 않은지 최종적으로 확인한다.

❖ 실습 3

작품명		π형 평활 회로 특성 실습(인덕터)			
실습 목표	π형 평활 회로를 제작하고 특성을 측정할 수 있다.				
작업 부품	명칭	규격	수량	명칭	규격	수량

작업 부품	명칭	규격	수량	명칭	규격	수량
	변압기	1차 : 110/220V 2차 : 12V/2A	1	전해 콘덴서	$100\mu F$	2
	저항	$100\Omega(1/2W)$	2	다이오드	1N4001	4
	인덕터	1mH	1	퓨즈/퓨즈 홀더	220V/10A	각 1
	변압기 고정용 나사	수나사/암나사 (L:15mm/ϕ3mm)	각 2	드릴날	3.5mm	1

작업 기기	명칭	규격	수량	명칭	규격	수량
	직류 전원 장치	0~30V/2A	1	신호 발생기	1GHz 이상	1
	오실로스코프	60MHz 이상	1	브레드 보드	일반형	1
	회로 시험기	VOM	1	만능 기판	28×62 기판	1

작업 회로

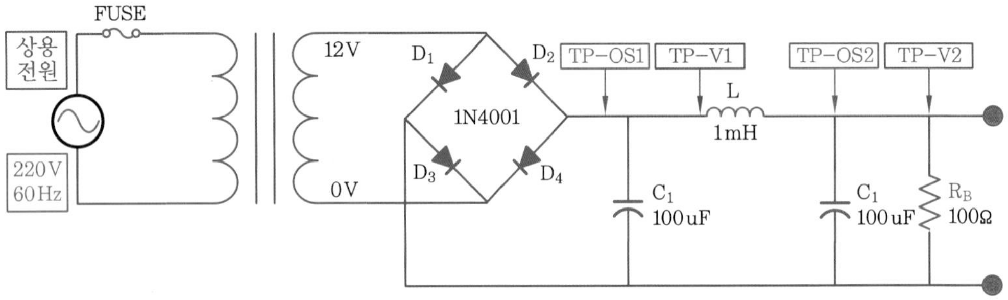

작업용 기판

※ 위 회로를 다음 기판에 조립하시오.

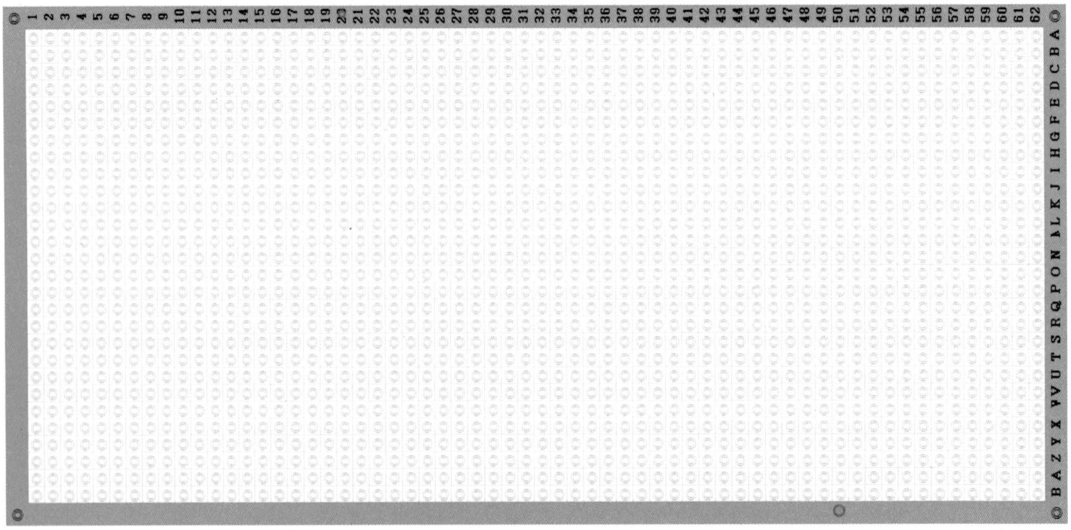

작업 요구 사항	1. 정상적으로 조립을 완성한 후 TP-V2 양단의 전압을 측정하시오. 2. TP-V2 양단에서 정상적으로 전압이 측정된 경우, 요구된 2개의 TP점의 파형 및 값을 구하시오.

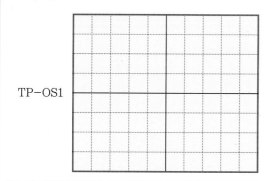

TP-OS1

Volt/DIV : [V]	Time/DIV : [s]
주파수 : [Hz]	

TP-OS2

Volt/DIV : [V]	Time/DIV : [s]
주파수 : [Hz]	

※ 위 두 개의 파형을 그리고, 그 값을 적은 후 차이가 나는 이유를 기술하시오.

※ 인덕터 1mH를 저항 100Ω으로 바꾸고, 위의 과정 1~2를 실시하고 그 차이점을 간단하게 기술하시오.

※ TP-V1의 전압값을 테스터로 측정하여 기재하시오.　(　　　　　　　　 V)

※ TP-V2의 전압값을 테스터로 측정하여 기재하시오.　(　　　　　　　　 V)

평가

• 작품과 실습 지시서를 반드시 제출하고 점검받기 바랍니다.

구분	평가 요소	평가 결과			득점	
		상	중	하		
회로도 이해	• 회로를 정상적으로 동작시켰는가?	20	16	12		
	• 회로 제작에 관한 완성도 및 순위는?	10	8	6		
측정 평가	• 오실로스코프 측정값을 기재하였는가?	20	16	12		
	• 오실로스코프 측정값에 대한 비교 기술이 적절한가?	20	16	12		
	• 테스터의 측정값을 기재하였는가?	20	16	12		
작업 평가	• 실습실 안전 수칙을 잘 준수하였는가?	5	4	3		
	• 마무리 정리 정돈을 잘 하였는가?	5	4	3		

마무리

1. 결과물을 제출한다.
2. 실습 장소를 깨끗이 정리 정돈하고 청소를 실시한다.
3. 위험 요소가 남아 있지 않은지 최종적으로 확인한다.

❖ 실습 4

작품명				브리지 정류 회로		
실습 목표	브리지 정류 회로를 제작하고 특성을 측정할 수 있다.					
작업 부품	명칭	규격	수량	명칭	규격	수량
	변압기	1차 : 110/220V 2차 : 12V/2A	1	레귤레이터 IC	LM7805	1
	인덕터	1mH	1	전해 콘덴서	$100\mu F$	4
	저항	$100\Omega(1/2W)$	1	다이오드	1N4001	4
	변압기 고정용 나사	수나사/암나사 (L:15mm/ϕ3mm)	각 2개	퓨즈/퓨즈 홀더	220V/10A	각 1
	드릴날	3.5mm	1			
작업 기기	명칭	규격	수량	명칭	규격	수량
	직류 전원 장치	0~30V/2A	1	신호 발생기	1GHz 이상	1
	오실로스코프	60MHz 이상	1	브레드 보드	일반형	1
	회로 시험기	VOM	1	만능 기판	28×62 기판	1
작업 회로						
작업용 기판	※ 위 회로를 다음 기판에 조립하시오.					

작업 요구 사항	1. 정상적으로 조립을 완성한 후 TP-V2 양단의 전압을 측정하시오. 2. TP-V2 양단에서 정상적으로 전압이 측정된 경우, 요구된 2개의 TP점의 파형 및 값을 구하시오.

TP-OS1

TP-OS2

Volt/DIV : 　　[　V]	Time/DIV : 　　[　s]
주파수 : 　　　　　[　Hz]	

Volt/DIV : 　　[　V]	Time/DIV : 　　[　s]
주파수 : 　　　　　[　Hz]	

※ 위 두 개의 파형을 그리고, 그 값을 적은 후 차이가 나는 이유를 기술하시오.

※ TP-V1의 전압값을 테스터로 측정하여 기재하시오. 　(　　　　　　　　V)

※ TP-V2의 전압값을 테스터로 측정하여 기재하시오. 　(　　　　　　　　V)

평가

• 작품과 실습 지시서를 반드시 제출하고 점검받기 바랍니다.

구분	평가 요소	평가 결과			득점
		상	중	하	
회로도 이해	• 회로를 정상적으로 동작시켰는가?	20	16	12	
	• 회로 제작에 관한 완성도 및 순위는?	10	8	6	
측정 평가	• 오실로스코프 측정값을 기재하였는가?	20	16	12	
	• 오실로스코프 측정값에 대한 비교 기술이 적절한가?	20	16	12	
	• 테스터의 측정값을 기재하였는가?	20	16	12	
작업 평가	• 실습실 안전 수칙을 잘 준수하였는가?	5	4	3	
	• 마무리 정리 정돈을 잘 하였는가?	5	4	3	

마무리	1. 결과물을 제출한다. 2. 실습 장소를 깨끗이 정리 정돈하고 청소를 실시한다. 3. 위험 요소가 남아 있지 않은지 최종적으로 확인한다.

❖ 실습 5

작품명	브리지 정류 회로 스위칭 레귤레이터 전원 회로 제작					
실습 목표	브리지 정류 회로를 이용한 스위칭 레귤레이터 전원 회로를 제작하고 특성을 측정할 수 있다.					
작업 부품	명칭	규격	수량	명칭	규격	수량
	변압기	1차 : 110/220V 2차 : 12V/2A	1	스위칭 레귤레이터 IC	LM2576T-005	1
	인덕터	100μH	1	전해 콘덴서	100μF	2
	토글 SW	3단자(SPST)	1	다이오드	1N4001	4
	제너 다이오드	RD 5A	1	퓨즈/퓨즈 홀더	220V/10A	각 1
	변압기 고정용 나사	수나사/암나사 (L:15mm/ϕ3mm)	각 2개	드릴날	3.5mm	1
작업 기기	명칭	규격	수량	명칭	규격	수량
	직류 전원 장치	0~30V/2A	1	신호 발생기	1GHz 이상	1
	오실로스코프	6MHz 이상	1	브레드 보드	일반형	1
	회로 시험기	VOM	1	만능 기판	28×62 기판	1
작업 회로						
작업용 기판	※ 위 회로를 다음 기판에 조립하시오. 					

작업 요구 사항	1. 정상적으로 조립을 완성한 후 V_o 양단의 전압을 측정하시오. 2. TP-OS1 및 TP-OS2에서 오실로스코프로 측정하고, 다음에 그 파형을 도시하고 값을 기재하시오. 3. 다음 물음에 답하시오.

TP-OS1

TP-OS2

Volt/DIV : [V]	Time/DIV: [s]
주파수 : [Hz]	
스위치 주파수 범위 : [Hz]	

Volt/DIV : [V]	Time/DIV : [s]
주파수 : [Hz]	
스위치 주파수 범위 : [Hz]	

※ 위 두 개의 파형을 그리고 그 값을 적은 후 차이가 나는 이유를 기술하시오.

※ V_1의 전압값을 테스터로 측정하여 기재하시오. (V)

※ V_2의 전압값을 테스터로 측정하여 기재하시오. (V)

※ V_o의 전압값을 테스터로 측정하여 기재하시오. (V)

평가

• 작품과 실습 지시서를 반드시 제출하고 점검받기 바랍니다.

구분	평가 요소	평가 결과			득점	
		상	중	하		
회로도 이해	• 회로를 정상적으로 동작시켰는가?	20	16	12		
	• 회로 제작에 관한 완성도 및 순위는?	10	8	6		
측정 평가	• 오실로스코프 측정값을 기재하였는가?	20	16	12		
	• 오실로스코프 측정값에 대한 비교 기술이 적절한가?	20	16	12		
	• 테스터의 측정값을 기재하였는가?	20	16	12		
작업 평가	• 실습실 안전 수칙을 잘 준수하였는가?	5	4	3		
	• 마무리 정리 정돈을 잘 하였는가?	5	4	3		

마무리

1. 결과물을 제출한다.
2. 실습 장소를 깨끗이 정리 정돈하고 청소를 실시한다.
3. 위험 요소가 남아 있지 않은지 최종적으로 확인한다.

❖ 실습 6

작품명	브리지 정류 회로의 부하 변동에 따른 출력 전압 실습

실습 목표	브리지 정류 회로를 이용한 전원 회로를 제작하고 특성을 측정할 수 있다.

	명칭	규격	수량	명칭	규격	수량
작업 부품	변압기	1차 : 110/220V 2차 : 12V/2A	1	트랜지스터	2SB435/2SB557 (파워용)	각 1
	정전압 IC	μA78MG	1	다이오드	1N4001	4
	저항	0.3Ω(2W)/47Ω/ 5kΩ(1/2W)	각 1	전해 콘덴서	2200/470/3.3 μF/40V	각 1
	가변 저항(SVR)	10kΩ	1	토글 SW	SPST	1
	퓨즈/퓨즈 홀더	220V/10A	각 1	드릴날	3.5mm	1
	변압기 고정용 나사	수나사/암나사 (L:15mm/ϕ3mm)	각 2개	시멘트 저항	5/15/75/100Ω	각 1

	명칭	규격	수량	명칭	규격	수량
작업 기기	직류 전원 장치	0~30V/2A	1	신호 발생기	1GHz 이상	1
	오실로스코프	60MHz 이상	1	브레드 보드	일반형	1
	회로 시험기	VOM	1	만능 기판	28×62 기판	1

작업 회로	

작업용 기판	※ 위 회로를 다음 기판에 조립하시오.

작업 요구 사항	1. 정상적으로 조립을 완성한 후 V_o 양단의 전압을 측정하시오. 2. TP-OS1 및 TP-OS2에서 오실로스코프로 측정하고, 다음에 그 파형을 도시하고 값을 기재하시오. 3. 다음 물음에 답하시오.

TP-OS1

TP-OS2

Volt/DIV : [V]	Time/DIV : [s]
주파수 : [Hz]	
스위치 주파수 범위 : [Hz]	

Volt/DIV : [V]	Time/DIV : [s]
주파수 : [Hz]	
스위치 주파수 범위 : [Hz]	

※ 위 두 개의 파형을 그리고 그 값을 적은 후 차이가 나는 이유를 기술하시오.

※ V_1의 전압값을 테스터로 측정하여 기재하시오.   (V)

※ V_o의 전압값을 테스터로 측정하여 기재하시오.   (V)

※ 부하에 시멘트 저항 100Ω을 연결하고 출력 전압을 측정하시오.   (V)

※ 부하에 시멘트 저항 5Ω, 15Ω, 75Ω을 연결하고 출력 전압을 측정하시오.
   (5Ω :   V) (15Ω :   V) (75Ω :   V)

평가

• 작품과 실습 지시서를 반드시 제출하고 점검받기 바랍니다.

구분	평가 요소	평가 결과			득점
		상	중	하	
회로도 이해	• 회로를 정상적으로 동작시켰는가?	20	16	12	
	• 회로 제작에 관한 완성도 및 순위는?	10	8	6	
측정 평가	• 오실로스코프 측정값을 기재하였는가?	20	16	12	
	• 오실로스코프 측정값에 대한 비교 기술이 적절한가?	20	16	12	
	• 테스터의 측정값을 기재하였는가?	20	16	12	
작업 평가	• 실습실 안전 수칙을 잘 준수하였는가?	5	4	3	
	• 마무리 정리 정돈을 잘 하였는가?	5	4	3	

마무리	1. 결과물을 제출한다. 2. 실습 장소를 깨끗이 정리 정돈하고 청소를 실시한다. 3. 위험 요소가 남아 있지 않은지 최종적으로 확인한다.

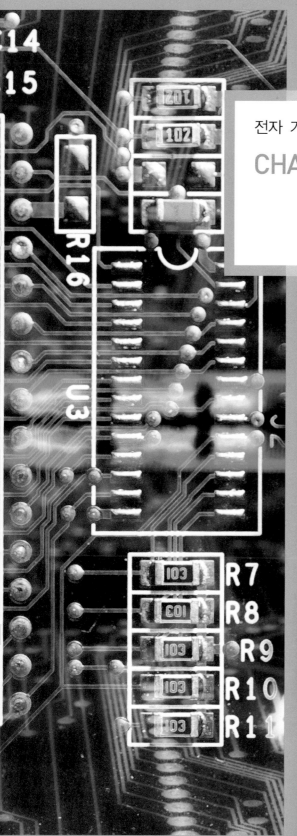

전자 기초 실기/실습

CHAPTER

04

직류 회로

1 ─● 저항 직렬 회로

1-1 저항 직렬 구성

다음 그림 (a)와 같이 각각의 저항을 그림 (b)와 같이 직렬로 접속하는 방법을 저항의 직렬 접속이라고 한다.

$$R_1 \qquad R_2 \qquad R_3 \qquad\qquad R_1 \qquad R_2 \qquad R_3$$

(a) 개별 저항　　　　　　　　(b) 직렬 접속

저항의 직렬 접속

1-2 저항 직렬 계산

저항이 직렬로 접속되어 있을 때 합성 저항 R_S는 접속된 저항들의 합과 같다.

$$R_S = R_1 + R_2 + \cdots + R_n$$

$$R_1 \qquad R_2 \qquad R_n \qquad\qquad R_S$$

(a) 저항의 직렬 접속　　　　(b) 합성 저항

직렬 접속 저항과 합성 저항

1-3 직렬 저항 전류, 전압 측정

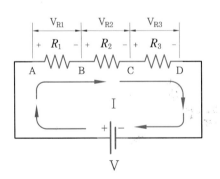

직렬 접속 저항의 전류와 전압

저항의 직렬 접속 회로에서의 각 저항에 흐르는 전류의 크기는 모두 동일하다.

$$I = I_{R1} = I_{R2} = I_{R3}$$

전류 측정 시 측정할 곳을 개방하여 개방 단자의 양단에 전류계를 이용하여 측정한다.

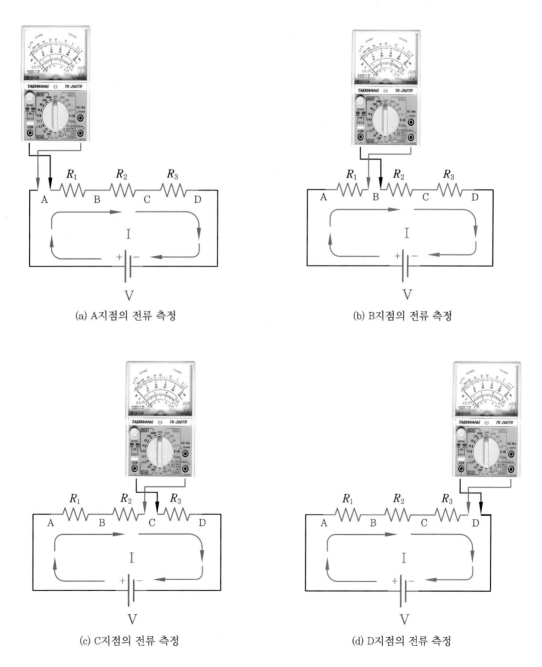

(a) A지점의 전류 측정　　　　　　　　(b) B지점의 전류 측정

(c) C지점의 전류 측정　　　　　　　　(d) D지점의 전류 측정

직렬 접속 저항의 전류 측정

전체 전압의 크기는 각 저항에 걸리는 전압의 합과 같다.

$$V = V_{R1} + V_{R2} + V_{R3}$$

각 저항에 걸리는 전압 측정 시 저항의 양단에 전압계를 이용하여 측정한다.

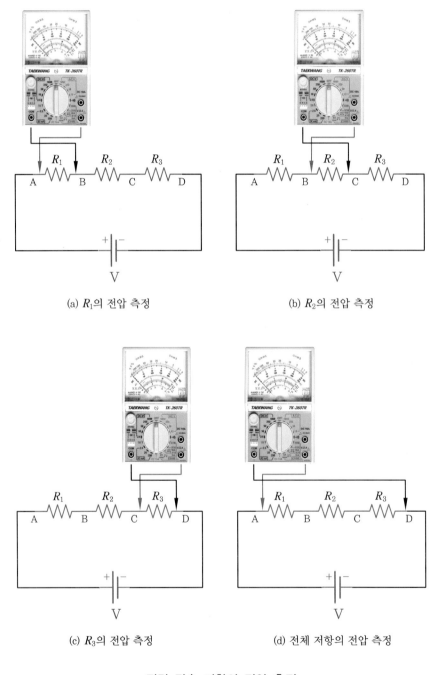

(a) R_1의 전압 측정   (b) R_2의 전압 측정

(c) R_3의 전압 측정   (d) 전체 저항의 전압 측정

직렬 접속 저항의 전압 측정

2 저항 병렬 회로

2-1 저항 병렬 구성

다음 그림과 같이 각각의 저항을 병렬로 접속하는 방법을 저항의 병렬 접속이라고 한다.

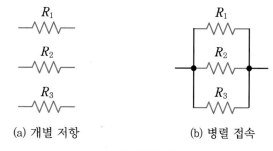

(a) 개별 저항   (b) 병렬 접속

저항의 병렬 접속

2-2 저항 병렬 계산

저항이 병렬로 접속되어 있을 때 합성 저항 R_P를 구하는 방법은 각 저항의 역수를 모두 더한 값의 역수가 되며, 다음과 같은 식으로 나타낸다.

$$R_\mathrm{P} = R_1 \parallel R_2 \parallel \cdots \parallel R_\mathrm{n}$$

$$R_\mathrm{P} = \cfrac{1}{\dfrac{1}{R_1} + \dfrac{1}{R_2} + \cdots + \dfrac{1}{R_\mathrm{n}}}$$

$$\frac{1}{R_\mathrm{P}} = \frac{1}{R_1} + \frac{1}{R_2} + \cdots + \frac{1}{R_\mathrm{n}}$$

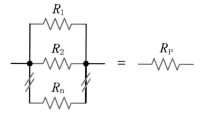

(a) 저항의 병렬 접속   (b) 합성 저항

병렬 접속 저항과 합성 저항

2-3 병렬 저항 전류, 전압 측정

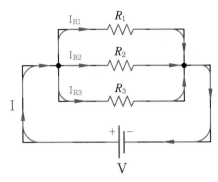

병렬 접속 저항의 전류와 전압

저항의 병렬 접속 회로에서의 각 저항에 걸리는 전압의 크기는 모두 동일하다.

$$V = V_{R1} = V_{R2} = V_{R3}$$

각 저항에 걸리는 전압 측정 시 저항의 양단에 전압계를 이용하여 측정한다.

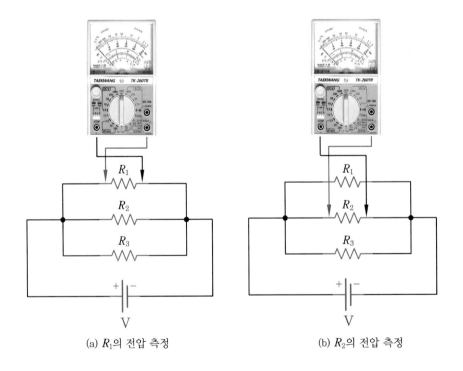

(a) R_1의 전압 측정   (b) R_2의 전압 측정

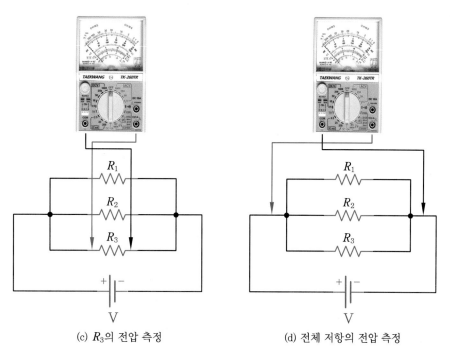

(c) R_3의 전압 측정   (d) 전체 저항의 전압 측정

직렬 접속 저항의 전압 측정

전체 전류의 크기는 각 저항에 흐르는 전류의 합과 같다.

$$I = I_{R1} + I_{R2} + I_{R3}$$

전류 측정 시 측정할 곳을 개방하여 개방 단자의 양단에 전류계를 이용하여 측정한다.

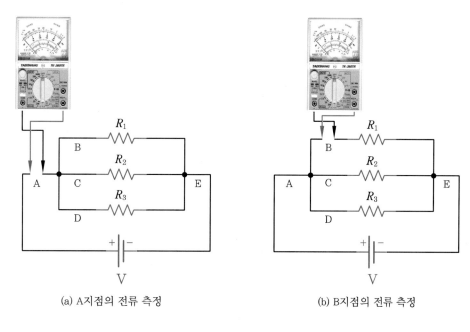

(a) A지점의 전류 측정   (b) B지점의 전류 측정

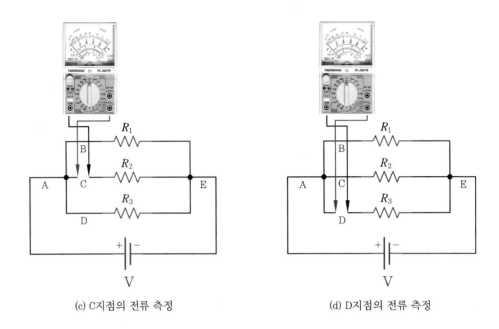

(c) C지점의 전류 측정

(d) D지점의 전류 측정

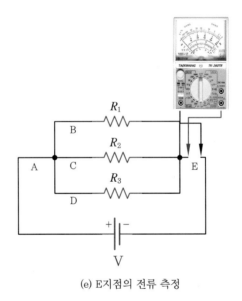

(e) E지점의 전류 측정

병렬 접속 저항의 전류 측정

3　저항 직·병렬 회로

3-1　저항 직·병렬 구성

저항을 직렬과 병렬로 혼합하여 접속한 것을 저항의 직·병렬 접속이라고 하고, 다음 그림에서 저항 R_2와 R_3의 접속이 병렬 접속이 되며, R_2와 R_3의 병렬 합성 저항을 R_P라고 하면 R_1과 R_P의 접속이 직렬 접속이 된다.

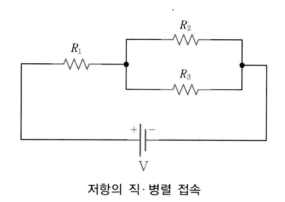

저항의 직·병렬 접속

3-2　저항 직·병렬 계산

다음 그림 [저항의 직·병렬 접속 등가 회로]와 같이 직·병렬 접속된 저항의 전체 합성 저항을 계산하려면,

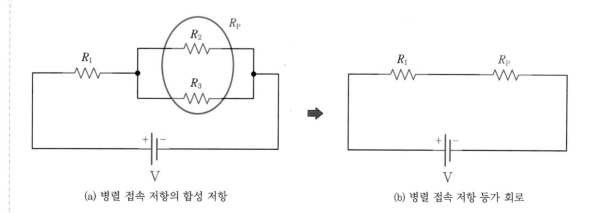

(a) 병렬 접속 저항의 합성 저항　　　　　　(b) 병렬 접속 저항 등가 회로

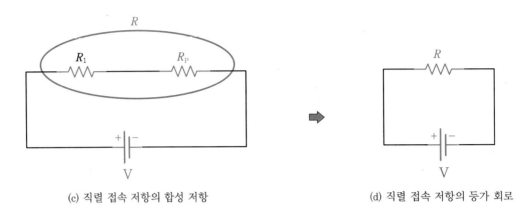

(c) 직렬 접속 저항의 합성 저항   (d) 직렬 접속 저항의 등가 회로

저항의 직·병렬 접속 등가 회로

첫 번째, 그림 ⓐ와 같이 병렬 접속된 R_2와 R_3의 합성 저항 R_P를 다음과 같이 계산한다.

$$R_\mathrm{P} = R_2 \| R_3 = \frac{R_2 R_3}{R_2 + R_3}$$

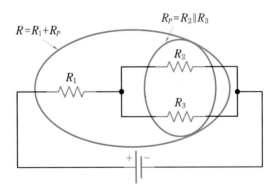

직·병렬 접속 저항의 합성 저항 계산

두 번째, 그림 ⓒ와 같이 직렬 접속된 R_1과 R_P의 합성 저항 R을 다음과 같이 계산한다.

$$R = R_1 + R_\mathrm{P} = R_1 + \frac{R_2 R_3}{R_2 + R_3}$$

3-3 **직·병렬 저항 전류, 전압 측정**

각 저항에 걸리는 전압 측정 시 저항의 양단에 전압계를 이용하여 측정한다.

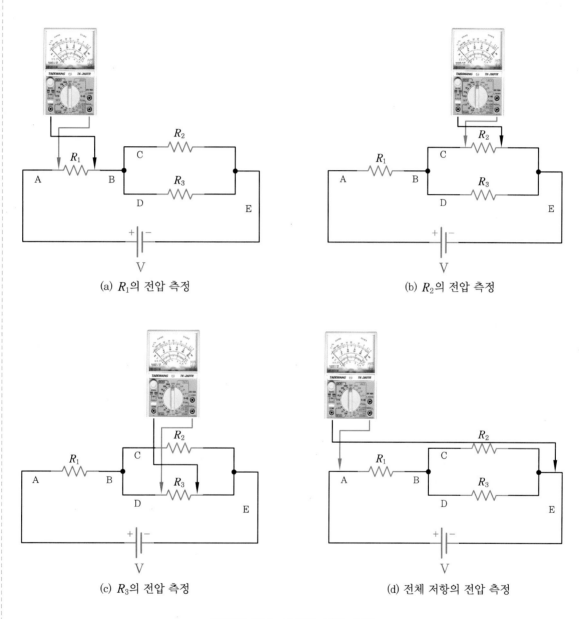

(a) R_1의 전압 측정

(b) R_2의 전압 측정

(c) R_3의 전압 측정

(d) 전체 저항의 전압 측정

직병렬 접속 저항의 전압 측정

전류 측정 시 측정할 곳을 개방하여 개방단자의 양단에 전류계를 이용하여 측정한다.

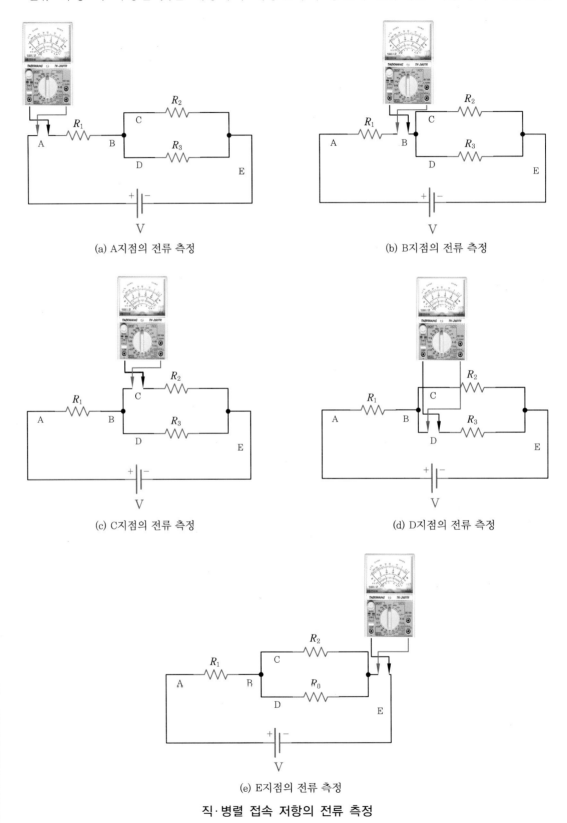

(a) A지점의 전류 측정

(b) B지점의 전류 측정

(c) C지점의 전류 측정

(d) D지점의 전류 측정

(e) E지점의 전류 측정

직·병렬 접속 저항의 전류 측정

4 ● 콘덴서 직렬 회로

4-1   콘덴서 직렬 구성

각각의 콘덴서를 직렬로 접속하는 방법을 콘덴서의 직렬 접속이라고 한다.

다음 그림 (a)와 같이 극판의 면적과 극판 사이의 간격이 동일한 커패시터를 직렬 연결하면 그림 (b)의 극판의 면적은 일정하고, 극판 사이의 간격만 늘어난 것과 같다고 볼 수 있다.

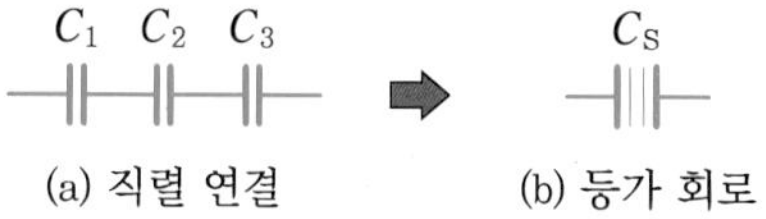

(a) 직렬 연결   (b) 등가 회로

콘덴서의 직렬 연결

4-2   콘덴서 직렬 계산

콘덴서의 유전율(ε), 극판의 면적(S), 극판 사이의 거리(d)라고 하면, 콘덴서의 정전 용량 C는 다음 식과 같다.

$$C_S = \varepsilon \frac{S}{d}[\mathrm{F}]$$

그림 [콘덴서의 직렬 연결]에서 직렬 연결된 콘덴서의 합성 커패시턴스는 극판 사이의 거리의 합에 반비례하고, 극판의 면적에 비례하는 다음 식과 같다.

$$C_S = \varepsilon \frac{S}{d+d+d} = \varepsilon \frac{S}{3d} = \frac{C}{3}[\mathrm{F}]$$

즉, 똑같은 크기를 갖는 커패시터 n개를 직렬로 연결했을 때, 전체 합성 커패시턴스는 다음과 같이 나타낼 수 있다.

$$C_S = \frac{1}{n} \times C = \frac{C}{n}[\mathrm{F}]$$

5 ● 콘덴서 병렬 회로

5-1   콘덴서 병렬 구성

각각의 콘덴서를 병렬로 접속하는 방법을 콘덴서의 병렬 접속이라고 한다.

다음 그림 (a)와 같이 극판의 면적과 극판 사이의 간격이 동일한 커패시터를 병렬 연결하면 그림 (b)의 극판 사이의 간격은 일정하고, 극판의 면적은 늘어난 것과 같다고 볼 수 있다.

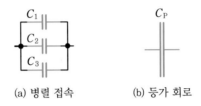

(a) 병렬 접속   (b) 등가 회로

콘덴서의 병렬 접속

5-2   콘덴서 병렬 계산

그림 [콘덴서의 병렬 접속]에서 병렬 연결된 콘덴서의 합성 커패시턴스는 극판 사이의 거리에 반비례하고, 극판의 면적의 합에 비례하는 다음 식과 같다.

$$C_{\mathrm{P}} = \varepsilon \frac{S+S+S}{d} = \varepsilon \frac{3S}{d} = 3C[\mathrm{F}]$$

즉, 똑같은 크기를 갖는 커패시터 n개를 병렬로 연결했을 때, 전체 합성 커패시턴스는 다음과 같이 나타낼 수 있다.

$$C_{\mathrm{P}} = n \times C = nC[\mathrm{F}]$$

>>> 직류 회로 실습 과제

❖ 실습 1

작품명			저항 직렬 회로		
실습 목표	저항 직렬 회로에 전압계와 전류계를 사용하여 전압, 전류의 크기를 측정할 수 있다.				
작업 부품	명칭	규격	수량	명칭	규격	수량
	저항(R1)	2kΩ	1	저항(R3)	4.7kΩ	1
	저항(R2)	3.3kΩ	1			
작업 기기	명칭	규격	수량	명칭	규격	수량
	직류 전원 장치	1A, 0~30V	1	브레드 보드	일반형	1
	회로 시험기	VOM	1			

작업 회로	
	회로도: A—R_1—B—R_2—C—R_3—D, 아래 전원 V(+, −) 연결

* 실습 순서
  * 위 회로를 지시에 따라 기판 및 브레드 보드에 제작하시오.
  * 회로가 정상적으로 동작하지 않으면 회로를 수정하여 정상 동작시키시오.
  * 직류 전원 장치의 전압을 10V로 조정하고, 회로에 전원을 공급한다.
  * 전류계를 이용하여 A, B, C, D점의 전류를 측정하고 측정표에 기록한다.
  * 전압계를 이용하여 각 저항에 전압을 측정하고 측정표에 기록한다.

* 전류 측정

A지점 전류	B지점 전류	C지점 전류	D지점 전류

* 전압 측정

A–B 양단의 전압 (R_1에 걸리는 전압)	B–C 양단의 전압 (R_2에 걸리는 전압)	C–D 양단의 전압 (R_3에 걸리는 전압)	A–D 양단의 전압 (전체저항에 걸리는 전압)

* 측정 결과를 보고 직렬 접속 회로에서 전류와 전압의 관계를 설명해 보자.

평가	• 작품과 실습 지시서를 반드시 제출하고 점검받기 바랍니다.						

구분	평가 요소	평가 결과			득점	
		상	중	하		
회로 구성	• 정상적으로 회로를 결손하였는가?	20	16	12		
	• 회로 제작에 관한 완성도 및 순위는?	10	8	6		
측정	• 전압을 측정하고 적절하게 기록하였는가?	30	24	18		
	• 전류를 측정하고 적절하게 기록하였는가?	30	24	18		
작업 평가	• 실습실 안전 수칙을 잘 준수하였는가?	5	4	3		
	• 마무리 정리 정돈을 잘 하였는가?	5	4	3		
※ 지적 항목에 따라 0점 처리할 수 있음					합	

마무리	1. 결과물을 제출한다. 2. 실습 장소를 깨끗이 정리 정돈하고 청소를 실시한다. 3. 위험 요소가 없는지 확인한다.
비고	

❖ 실습 2

작품명	저항 병렬 회로				
실습 목표	저항 병렬 회로에 전압계와 전류계를 사용하여 전압, 전류의 크기를 측정할 수 있다.				
작업 부품	명칭	규격	수량	명칭	규격	수량
	저항(R1)	2kΩ	1	저항(R3)	4.7kΩ	1
	저항(R2)	3.3kΩ	1			
작업 기기	명칭	규격	수량	명칭	규격	수량
	직류 전원 장치	1A, 0~30V	1	브레드 보드	일반형	1
	회로 시험기	VOM	1			

작업 회로

작업 요구 사항 및 평가

● 실습 순서
- 위 회로를 지시에 따라 기판 및 브레드 보드에 제작하시오.
- 회로가 정상적으로 동작하지 않으면 회로를 수정하여 정상 동작시키시오.
- 직류 전원 장치의 전압을 10V로 조정하고, 회로에 전원을 공급한다.
- 전류계를 이용하여 A, B, C, D, E점의 전류를 측정하고 측정표에 기록한다.
- 전압계를 이용하여 각 저항에 전압을 측정하고 측정표에 기록한다.

● 전류 측정

A지점 전류	B지점 전류	C지점 전류	D지점 전류	E지점 전류

● 전압 측정

B-E 양단의 전압 (R_1에 걸리는 전압)	C-E 양단의 전압 (R_2에 걸리는 전압)	D-E 양단의 전압 (R_3에 걸리는 전압)	A-E 양단의 전압 (전체 저항에 걸리는 전압)

● 측정 결과를 보고 병렬 접속 회로에서 전류와 전압의 관계를 설명해 보자.

평가	• 작품과 실습 지시서를 반드시 제출하고 점검받기 바랍니다.

구분	평가 요소	평가 결과			득점	
		상	중	하		
회로 구성	• 정상적으로 회로를 결손하였는가?	20	16	12		
	• 회로 제작에 관한 완성도 및 순위는?	10	8	6		
측정	• 전압을 측정하고 적절하게 기록하였는가?	30	24	18		
	• 전류를 측정하고 적절하게 기록하였는가?	30	24	18		
작업 평가	• 실습실 안전 수칙을 잘 준수하였는가?	5	4	3		
	• 마무리 정리 정돈을 잘 하였는가?	5	4	3		
	※ 지적 항목에 따라 0점 처리할 수 있음				합	

마무리	1. 결과물을 제출한다. 2. 실습 장소를 깨끗이 정리 정돈하고 청소를 실시한다. 3. 위험 요소가 없는지 확인한다.

비고	

❖ 실습 3

작품명		저항 직·병렬 회로			
실습 목표	저항 직·병렬 회로에 전압계와 전류계를 사용하여 전압, 전류의 크기를 측정할 수 있다.				

작업 부품	명칭	규격	수량	명칭	규격	수량
	저항(R1)	2kΩ	1	저항(R3)	4.7kΩ	1
	저항(R2)	3.3kΩ	1			

작업 기기	명칭	규격	수량	명칭	규격	수량
	직류 전원 장치	1A, 0~30V	1	브레드 보드	일반형	1
	회로 시험기	VOM	1			

작업 회로

작업 요구 사항 및 평가

- 실습 순서
  - 위 회로를 지시에 따라 기판 및 브레드 보드에 제작하시오.
  - 회로가 정상적으로 동작하지 않으면 회로를 수정하여 정상 동작시키시오.
  - 직류 전원 장치의 전압을 10V로 조정하고, 회로에 전원을 공급한다.
  - 전류계를 이용하여 A, B, C, D, E점의 전류를 측정하고 측정표에 기록한다.
  - 전압계를 이용하여 각 저항에 전압을 측정하고 측정표에 기록한다.

- 전류 측정

A지점 전류	B지점 전류	C지점 전류	D지점 전류	E지점 전류

- 전압 측정

A–B 양단의 전압 (R_1에 걸리는 전압)	C–E 양단의 전압 (R_2에 걸리는 전압)	D–E 양단의 전압 (R_3에 걸리는 전압)	B–E 양단의 전압 ($R_2\|R_3$ 에 걸리는 전압)	A–E 양단의 전압 (전체저항에 걸리는 전압)

- 측정 결과를 보고 직·병렬 접속 회로에서 전류와 전압의 관계를 설명해 보자.

평가	• 작품과 실습 지시서를 반드시 제출하고 점검받기 바랍니다.

구분	평가 요소	평가 결과			득점
		상	중	하	
회로 구성	• 정상적으로 회로를 결손하였는가?	20	16	12	
	• 회로 제작에 관한 완성도 및 순위는?	10	8	6	
측정	• 전압을 측정하고 적절하게 기록하였는가?	30	24	18	
	• 전류를 측정하고 적절하게 기록하였는가?	30	24	18	
작업 평가	• 실습실 안전 수칙을 잘 준수하였는가?	5	4	3	
	• 마무리 정리 정돈을 잘 하였는가?	5	4	3	
	※ 지적 항목에 따라 0점 처리할 수 있음			합	

마무리	1. 결과물을 제출한다. 2. 실습 장소를 깨끗이 정리 정돈하고 청소를 실시한다. 3. 위험 요소가 없는지 확인한다.

비고	

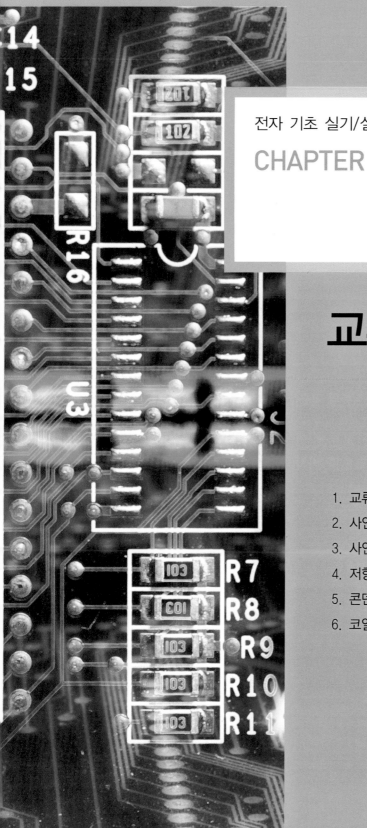

전자 기초 실기/실습

CHAPTER

05

교류 회로

1 ● 교류 회로의 기초

1-1 직류와 교류

직류는 다음 그림 (a)와 같이 시간의 흐름에 따라 그 크기가 일정한 전압, 전류를 직류 전압, 직류 전류라고 한다. 교류는 그림 (b)와 같이 시간의 흐름에 따라 그 크기가 주기적으로 변화하는 전압, 전류를 교류 전압, 교류 전류라고 한다.

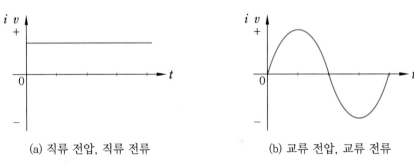

(a) 직류 전압, 직류 전류   (b) 교류 전압, 교류 전류

직류와 교류(사인파)

일반적으로 교류라고 하면 사인파 교류를 의미하고, 다음 그림과 같이 여러 형태의 교류 파형이 있으며, 이러한 형태의 교류를 비사인파 교류라고 한다.

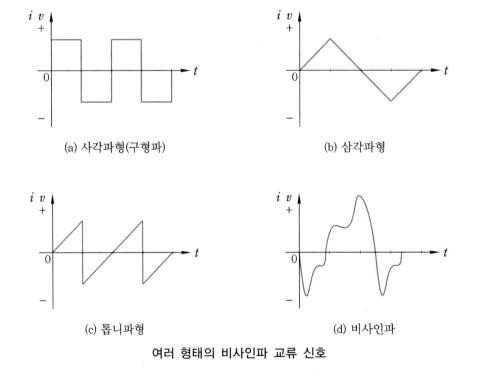

(a) 사각파형(구형파)   (b) 삼각파형

(c) 톱니파형   (d) 비사인파

여러 형태의 비사인파 교류 신호

1-2 사인파 교류의 발생

다음 그림 (a)와 같이 자속밀도 $B[\text{Wb/m}^2]$가 균일한 자기장 속에 놓인 사각형 코일에는 전자 유도 법칙에 의해 그림 (b)와 같은 사인파 교류 전압이 발생한다.

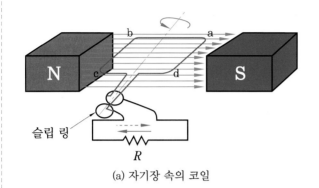

(a) 자기장 속의 코일

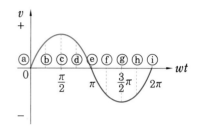

(b) 코일의 회전에 따른 전압의 크기

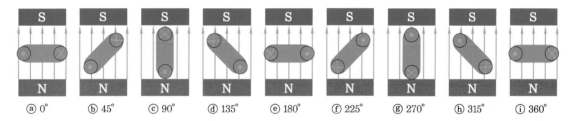

(c) 코일의 회전에 따른 전압의 발생(◉ 전류가 나옴, ◉ 전류가 들어감)

코일에 발생하는 교류 전압

그림 (c)와 같이 자기장 내에서 사각형 코일이 1회전하는 동안 저항 $R[\Omega]$에 흐르는 전류의 방향이 한 번 달라지게 된다. 사각형 코일이 $0° \sim 180°$ 회전하는 동안 그림 ⓐ, ⓑ, ⓒ, ⓓ, ⓔ의 위치일 때는 저항 R에 전류가 실선 화살표 방향으로 흐른다. 사각형 코일이 $180° \sim 360°$ 회전하는 동안 그림 ⓕ, ⓖ, ⓗ, ⓘ, ⓙ의 위치일 때는 그림에서 점선 화살표 방향으로 흐른다.

자기장 내 코일의 유효 길이를 $l[\text{m}]$, 코일의 균일 자기장의 자속 밀도를 $B[\text{Wb/m}^2]$, 자기장에 직각인 자기 중심축과 코일 면이 이루는 각을 θ, 코일의 운동 속도를 $u[\text{m/s}]$라고 하면 코일에 발생하는 전압 $v[\text{V}]$는 다음과 같이 구할 수 있다.

$$v = 2Blu\sin\theta = V_{\text{m}}\sin\theta[\text{V}]$$

$V_{\text{m}} = 2Blu[\text{V}]$는 그림 (b)에서 θ가 $90°$, ⓒ일 때의 발생 전압으로, 발생된 사인파 전압의 최댓값을 나타낸다.

2 ● 사인파 교류 회로의 표시

2-1 사인파 교류의 표시 방법

호도법에서는 다음 그림에서와 같이 원의 반지름 r과 같은 길이의 원호AB의 양 끝점과 중심을 이은 두 직선이 이루는 각을 1라디안(rad)이라고 한다.

원의 반지름 r[m], 호 AB의 길이 l[m]일 때 중심각의 크기 θ는 다음과 같다.

$$\theta = \frac{l}{r}[\text{rad}]$$

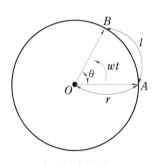

라디안과 각속도

원을 1회전한 각도는 $360°$이고, 원을 1회전하였을 때 원의 둘레 $l = 2\pi r$이므로 이것을 대입하면 다음과 같다.

$$360° = \frac{2\pi r}{r} = 2\pi[\text{rad}]$$

또, 주파수가 f[Hz]인 교류 파형이 1초 동안에 진행한 각도는 1사이클 진행한 각도가 2π[rad]이므로 $2\pi f$가 되며, 이를 각속도(angular velocity)라고 하고, ω[rad/s]로 나타낸다.

$$\omega = 2\pi f[\text{rad/s}]$$

따라서 교류 파형이 t초 동안에 진행한 각도 θ는 다음과 같다.

$$\theta = \omega t = 2\pi f t[\text{rad}]$$

위 식을 대입하면 사인파 교류 전압은 다음과 같이 나타낼 수 있다.

$$v = V_{\text{m}}\sin\theta = V_{\text{m}}\sin\omega t = V_{\text{m}}\sin 2\pi f[\text{V}]$$

도수법(°)	0°	30°	45°	60°	90°	120°	180°	270°	360°
호도법(rad)	0	$\dfrac{\pi}{6}$	$\dfrac{\pi}{4}$	$\dfrac{\pi}{3}$	$\dfrac{\pi}{2}$	$\dfrac{2}{3}\pi$	π	$\dfrac{3}{2}\pi$	2π

2-2 주기와 주파수

교류 전압의 파형은 다음 그림과 같은 파형이 시간에 따라 주기적으로 반복된다. 이때 교류 파형이 1회 변화되는 주기를 1사이클이라 하고, 1사이클의 변화에 필요한 시간을 주기(period)라고 한다. 기호는 T로 표기하고, 단위는 [s]를 사용한다. 만약 1사이클의 신호가 1초 동안 만들어졌다면, 주기는 1s라고 표기하고, 1사이클의 신호가 $\dfrac{1}{1000}$초 동안 만들어졌다면 1 ms라고 표현한다.

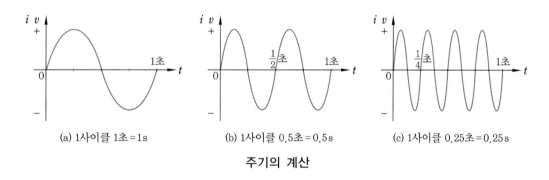

(a) 1사이클 1초=1s   (b) 1사이클 0.5초=0.5 s   (c) 1사이클 0.25초=0.25 s

주기의 계산

1초 동안 반복되는 사이클의 수를 주파수(frequency)라고 하며, 기호는 f로 표기하고 단위는 [Hz]를 사용한다. 만약 1초 동안 1사이클의 신호가 만들어졌다면 1 Hz라고 표기하고, 1초 동안 20사이클의 신호가 만들어지면 20 Hz라고 표현한다.

(a) 1초에 1사이클=1 Hz   (b) 1초에 2사이클=2 Hz   (c) 1초에 4사이클=4 Hz

주파수의 계산

따라서 주기 $T[\mathrm{s}]$와 주파수 $f[\mathrm{Hz}]$ 사이에는 다음과 같이 역수의 관계가 성립된다.

$$T = \frac{1}{f}[\mathrm{s}] \text{ 또는 } f = \frac{1}{T}[\mathrm{Hz}]$$

2-3 사인파 교류의 위상 관계

다음 그림에 나타낸 2개의 사인파 교류 전압 v_1과 v_2는 주파수는 같지만 서로 시간적인 차이를 가지고 있다.

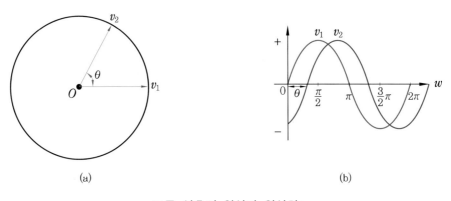

(a)   (b)

교류 신호의 위상과 위상차

2개의 사인파 교류 전압 v_1과 v_2를 살펴보면, 이들은 서로 동일한 주파수를 가지지만 v_2는 v_1보다 일정한 시간만큼 늦게 발생되고 있음을 알 수 있다. 이처럼 주파수가 같은 2개 이상의 사인파 교류 사이의 시간적 차이를 나타낼 때 위상(phase)을 사용한다. 따라서 v_1이 v_2보다 위상이 앞선다고 하거나, 반대로 v_2가 v_1보다 위상이 뒤진다고 표현한다.

이와 같이 2개의 교류 사이에서 시간적인 차이가 생기는 경우, 위상차(phase difference)가 있다고 한다. 이러한 위상차는 2개의 교류 간의 시간적인 차이이므로 시간으로 표시해도 되지만, 회전자의 회전각과 시간 사이에는 $\theta = \omega t[\mathrm{rad}]$의 관계가 있으므로 보통 θ로 표시하고, θ를 위상각(phase angle)이라고 한다.

사인파 교류 전압 v_1, v_2를 수식으로 나타내면 다음과 같다.

$$v_1 = V_{\mathrm{m}1}\sin\omega t[\mathrm{V}]$$
$$v_2 = V_{\mathrm{m}2}\sin(\omega t - \theta)[\mathrm{V}]$$

3 ● 사인파 교류의 크기

3-1 순싯값

다음 그림과 같이 매 순간 전압이 변화하는 사인파 교류 전압 v는 다음과 같이 나타낸다.

$$v = V_\mathrm{m}\sin\omega t[\mathrm{V}]$$

식에서 교류 전압 v의 값은 시간에 따라 매 순간 변한다. 이것을 교류 전압의 순싯값이라고 한다. 즉, 위 그림의 v_a, v_b처럼 어떤 순간의 값을 의미한다. 어떤 교류의 순싯값을 나타낸 식을 보면 교류의 크기, 변화의 빠르기, 위상을 알 수 있다. 순싯값 중에서 가장 큰 값 V_m을 최댓값이라고 하고, 파형에서 양의 최댓값과 음의 최댓값 사이의 값을 피크-피크값(peak-to-peak value)이라고 한다. 피크-피크값은 $V_\mathrm{p-p}$로 표기한다. 전류의 경우 순싯값은 i, 최댓값은 I_m, 피크-피크값은 $I_\mathrm{p-p}$의 기호를 사용한다.

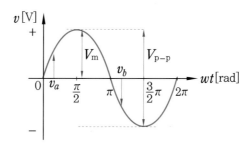

교류 신호의 순싯값, 최댓값, 피크-피크값

3-2 평균값

순싯값이 0으로 되는 순간부터 다음 0으로 되기까지의 주기의 $\frac{1}{2}$에 대한 순싯값의 평균을 평균값이라고 한다.

다음 그림에서 반주기에 걸쳐 빨간색으로 빗금 친 부분과 파란색으로 빗금 친 부분의 넓이가 같아지도록 선 a, b를 그으면 전압의 크기는 평균값 $V_\mathrm{a}[\mathrm{V}]$가 된다. 따라서 사인파 교류의 평균값 $V_\mathrm{a}[\mathrm{V}]$와 최댓값 $V_\mathrm{m}[\mathrm{V}]$ 사이의 관계는 다음과 같다.

$$V_\mathrm{a} = \frac{2}{\pi} V_\mathrm{m} \fallingdotseq 0.637\, V_\mathrm{m}[\mathrm{V}]$$

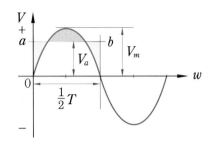

교류 신호의 최댓값(V_m), 평균값(V_a)

3-3 실횻값

순싯값과 평균값 외에 교류의 크기를 나타내는 방법으로 실횻값(effective value)이 있다. 다음 그림과 같이 저항 $R[\Omega]$에 교류 전류 $i[\mathrm{A}]$를 흘렸을 때, 소비된 전력 $i^2R[\mathrm{W}]$와 같은 정항에 직류 전류 $I[\mathrm{A}]$를 흘렸을 때 소비된 전력 $I^2R[\mathrm{W}]$가 같을 때, 교류 전류 $i[\mathrm{A}]$와 직류 전류 $I[\mathrm{A}]$가 한 일의 양은 같다고 본다. 따라서 교류 전류 i의 기준 크기는 일반적으로 그것과 같은 일을 하는 직류 전류 I의 크기로 나타내며, 직류 전류의 크기 $I[\mathrm{A}]$를 교류 전류 $i[\mathrm{A}]$의 실횻값이라고 하고, 보통 V, I로 나타낸다. 저항에 걸린 전압의 실횻값 V는 최댓값 V_m의 $\dfrac{1}{\sqrt{2}}$배이며, 다음과 같은 관계가 성립한다.

$$V = \frac{V_\mathrm{m}}{\sqrt{2}} \fallingdotseq 0.707\,V_\mathrm{m}\,[\mathrm{V}]$$

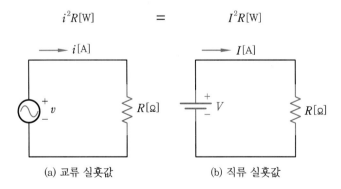

(a) 교류 실횻값　　　　　　　(b) 직류 실횻값

교류와 직류의 실횻값

4 ─● 저항 회로

저항 R만의 회로에 $V_m \sin\omega t [\mathrm{V}]$의 교류 전압 v를 인가했을 때 흐르는 전류 i와 v의 출력 파형을 나타낸 것이다.

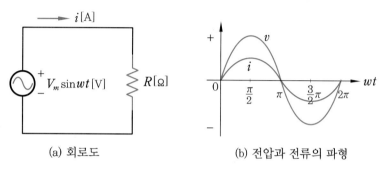

(a) 회로도 　　　　　　 (b) 전압과 전류의 파형

저항 R만의 교류 회로에서의 전압, 전류 특성

전압과 전류의 파형은 저항 R이 전류의 크기 변화에만 관여를 하며, 위상의 변화에는 영향을 주지 않는 것을 보여주고 있다. 이 회로에서 전압 v를 기준으로 한 전류 i는 다음 식에 따라 산출된다. 실횻값 $V[\mathrm{V}]$인 사인파 교류 전압 v는

$$v = \sqrt{2}\, V \sin\omega t [\mathrm{V}]$$

교류 전압은 시간에 따라서 방향과 크기가 변하지만, 직류 회로에서와 마찬가지로 전압과 전류 사이에는 항상 옴의 법칙이 성립한다.

$$i = \frac{v}{R} [\mathrm{A}]$$

여기서, $v = \sqrt{2}\, V \sin\omega t [\mathrm{V}]$를 대입하면,

$$i = \frac{\sqrt{2}\, V \sin\omega t}{R} = \sqrt{2} \cdot \frac{V}{R} \sin\omega t = \sqrt{2}\, I \sin\omega t [\mathrm{A}]$$

교류 전압 $v = \sqrt{2}\, V \sin\omega t [\mathrm{V}]$과 교류 전류 $i = \sqrt{2}\, I \sin\omega t [\mathrm{A}]$는 주파수는 같으며 서로 동상임을 알 수 있다. 따라서 저항에는 주파수와 위상을 변화시키는 성질이 없음을 알 수 있다.

5 ━━● 콘덴서(커패시터) 회로

커패시터 C만의 회로에 $V_m \sin\omega t$[V]의 교류 전압 v를 인가했을 때 흐르는 전류 i와 v의 출력 파형을 나타낸 것이다.

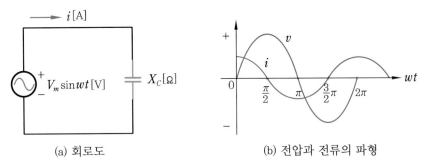

(a) 회로도   (b) 전압과 전류의 파형

콘덴서 C만의 교류 회로에서의 전압, 전류 특성

전압과 전류의 파형은 커패시터 C가 전류의 크기 변화와 $90°\left(\dfrac{\pi}{2}[\mathrm{rad}]\right)$ 위상의 변화에도 영향을 주는 것을 보여주고 있다. 이 회로에서 인가 전압 v를 기준으로 한 전류 i는 다음 식에 따라 산출된다.

$$i = \frac{V_m}{X_c}\sin(\omega t + 90°)[\mathrm{A}]$$

여기서, $\dfrac{V_m}{X_c}$은 i의 최댓값 I_m을 의미하고, $\sin(\omega t + 90°)$는 신호의 형태와 위상을 의미한다.

v가 $\sin\omega t$이므로 결국 i의 위상은 v의 위상보다 $90°\left(\dfrac{\pi}{2}[\mathrm{rad}]\right)$ 더 빠르다는 것을 의미한다.

6 ●── 코일(인덕터) 회로

인덕터 L만의 회로에 $V_m\sin\omega t$[V]의 교류 전압 v를 인가했을 때 흐르는 전류 i와 v의 출력 파형을 나타낸 것이다.

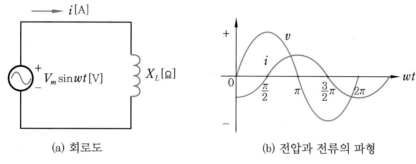

(a) 회로도   (b) 전압과 전류의 파형

인덕터 L 만의 교류 회로에서의 전압, 전류 특성

전압과 전류의 파형은 인덕터 L이 전류의 크기 변화와 함께 $90°\left(\dfrac{\pi}{2}[\mathrm{rad}]\right)$ 위상의 변화에도 영향을 주는 것을 보여주고 있다. 이 회로에서 인가전압 v를 기준으로 한 전류 i는 다음 식에 따라 산출된다.

$$i = \frac{V_m}{X_\mathrm{L}}\sin(\omega t - 90°)[\mathrm{A}]$$

여기서, $\dfrac{V_m}{X_\mathrm{L}}$은 i의 최댓값 I_m을 의미하고, $\sin(\omega t - 90°)$는 i의 신호 형태와 위상을 의미한다.

v가 $\sin\omega t$이므로 결국 i의 위상은 v의 위상보다 $90°\left(\dfrac{\pi}{2}[\mathrm{rad}]\right)$ 늦음을 의미한다.

>>> 교류 회로 실습 과제

❖ 실습

작품명	교류 파형 측정					
실습 목표	주파수 발진기와 오실로스코프를 사용하여 최댓값, 피크-피크값, 실횻값을 측정할 수 있다.					
작업 기기	명칭	규격	수량	명칭	규격	수량
	오실로스코프	2채널, 20MHz이상	1	신호 발생기	1GHz	1

작업 회로

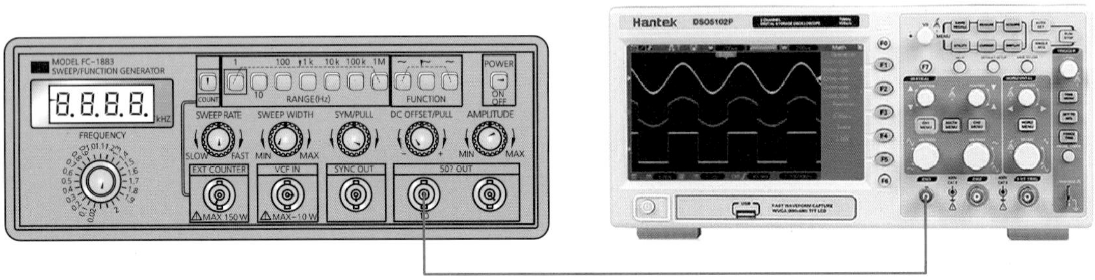

작업 요구 사항 및 평가

- 실습 순서
  - 주파수 발진기 출력 단자와 오실로스코프 CH1 입력 단자를 연결하시오.
  - 파형이 정상적으로 나타나도록 기기를 설정하시오.
  - 파형을 오실로스코프로 측정하여 그리시오.

- 파형 측정

  출력 파형 : 정현파, 1kHz, 5Vp-p

  Volt/Div =

  Time/DiV =

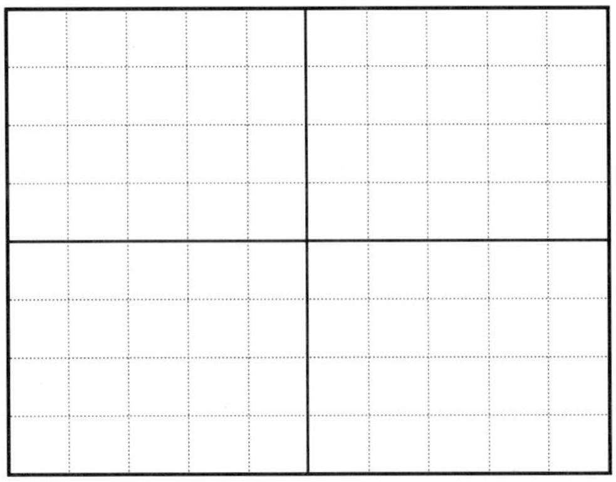

  출력 파형 : 구형파, 2kHz, 4Vp-p

  Volt/Div =

  Time/DiV =

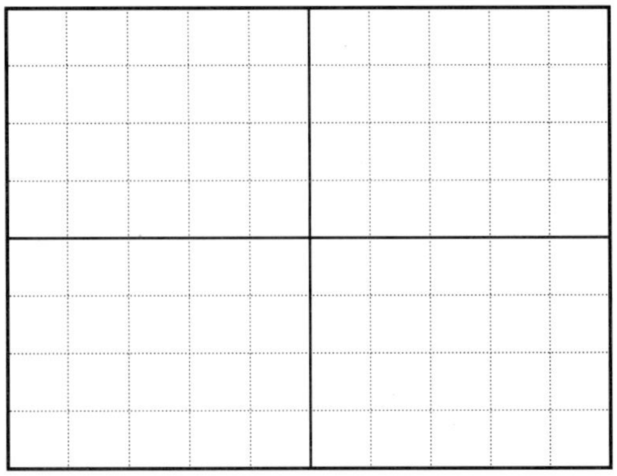

| 평가 | • 작품과 실습 지시서를 반드시 제출하고 점검받기 바랍니다. |

구분	평가 요소	평가 결과			득점	
		상	중	하		
회로 구성	• 오실로스코프를 정상적으로 조작할 수 있는가?	20	16	12		
	• 주파수 발진기를 조정하여 오실로스코프와 연결할 수 있는가?	10	8	6		
측정	• 요구된 파형을 조작하여 그 값을 정확하게 기재하였는가?	30	24	18		
	• 오실로스코프의 파형을 정확하게 도시하였는가?	30	24	18		
작업 평가	• 실습실 안전 수칙을 잘 준수하였는가?	5	4	3		
	• 마무리 정리 정돈을 잘 하였는가?	5	4	3		
※ 지적 항목에 따라 0점 처리할 수 있음					합	

마무리

1. 결과물을 제출한다.
2. 실습 장소를 깨끗이 정리 정돈하고 청소를 실시한다.
3. 위험 요소가 없는지 확인한다.

비고

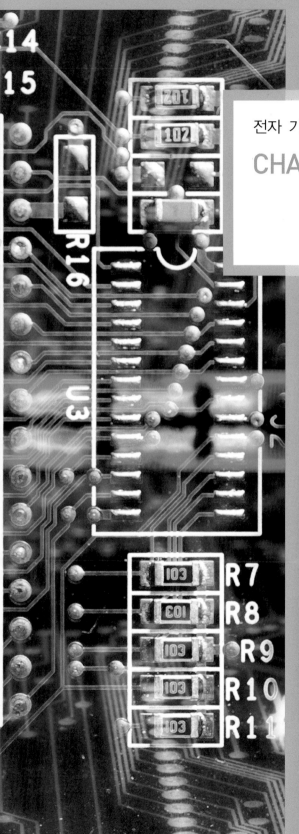

전자 기초 실기/실습

CHAPTER

06

연산 증폭기

1 ─● 연산 증폭기의 개요

연산 증폭기는 많은 트랜지스터와 저항기, 캐패시터로 구성된다. 이 장에서는 연산 증폭기 내부의 회로에 대해서는 다루지 않고, 연산 증폭기를 하나의 회로 구성으로 취급하고, 그것의 단자 특성과 응용에 대해서만 살펴보도록 한다.

1-1   연산 증폭기의 개념

연산 증폭기는 다음 그림과 같이 반전(−), 비반전(+) 2개의 입력 단자와 1개의 출력 단자를 가지며, 두 개의 전원인 +Vcc 및 −Vcc가 필요하다.

반전 입력을 V_-, 비반전 입력을 V_+라고 하고, 전압 증폭도를 A라고 할 때 출력 전압 V_o는 다음과 같이 구할 수 있다.

$$V_o = A(V_+ - V_-)$$

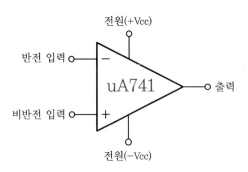

(a) 연산 증폭기 기호

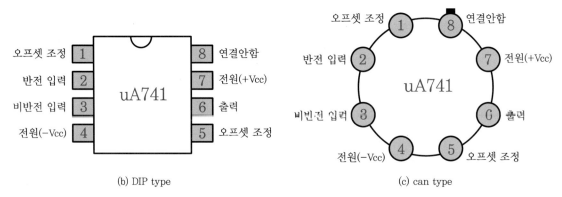

(b) DIP type

(c) can type

연산 증폭기

즉, 전압 증폭도는 두 입력의 차에 비례하므로, 일명 차동 증폭기라고도 한다. 전원 전압($+Vcc$, $-Vcc$)은 연산 증폭기에 따라 $\pm 5 \sim \pm 22$V 범위에서 사용할 수 있다. 연산 증폭기 회로는 $10^4 \sim 10^6$배의 높은 전압 이득을 얻을 수 있다. 외형은 그림 (b), (c)가 대표적이며, 이외에도 다양한 형태로 제작되고 있다.

연산 증폭기는 소형화, 높은 신뢰성, 저렴한 가격 등의 장점이 있어 아날로그 시스템의 기본 소자로 사용되어 왔으며, 증폭 회로, 발진 회로, 필터 회로, 미분기, 적분기, 비교기, 신호 변환기 등 광범위하게 응용되고 있다.

(1) 이상적인 연산 증폭기의 요건

연산 증폭기의 동작 특성을 이해하기 위한 초기 가정은 먼저 이상적이라고 가정하는 것이다. 왜냐하면 이상적 가정 하에서는 모든 것이 단순해지고, 실제적인 전자 소자가 궁극적으로 추구하는 목표점이기 때문이다.

다음 조건을 만족하는 연산 증폭기를 이상적인 연산 증폭기라고 부른다.

① 무한대의 전압 이득($A_v = \infty$)

개방 회로란 연산 증폭기의 외부에서 되먹임 회로가 연결되지 않은 상태를 말하며, 이때의 전압 이득을 개방 전압 이득(A_{OL} : open loop voltage gain)이라고 한다. 실제 회로에서는 보통 궤환 루프를 이루도록 소자를 넣어서 원하는 이득을 얻는다.

② 무한대의 입력 저항($Z_i = \infty$)

입력단의 임피던스가 만약 작아진다면 연산 증폭기 자체가 부하로 작용해 입력 신호에 영향을 미친다. 연산 증폭기가 입력 신호에는 아무 영향을 미쳐서는 안 되기 때문에 $Z_i = \infty$이어야 반전과 비반전 각 입력 단자로 유입되는 전류는 0이다.

③ 0Ω의 출력 저항($Z_o = 0$)

연산 증폭기의 출력 임피던스가 크다면 증폭된 신호가 내부 전압 강하로 인해 출력되지 못하기 때문이다.

④ 무한대의 대역폭($BW = \infty$)

필터링을 하지 않는 한 어떠한 주파수의 입력에 대해서도 일정한 이득을 얻는다.

⑤ 0인 입력 오프셋 전압과 전류

입력 전압이 0V(즉, $V_+ = V_-$)일 때, 출력 전압도 0V(즉, $V_o = V_+ - V_- = 0$)로 되어

야 하나, 실제로는 V_0가 0V가 되지 않으며, 이때의 V_0를 오프셋 전압이라고 하고, 출력 전압을 0으로 만들기 위해 입력 단자에 가하는 전압을 입력 오프셋 전압이라고 한다.

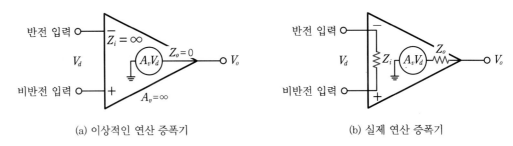

(a) 이상적인 연산 증폭기   (b) 실제 연산 증폭기

연산 증폭기의 등가 회로

2 ● 연산 증폭기 회로의 구성과 동작 원리

2-1   가상 접지(virtual ground)

이상적인 연산 증폭기의 전압 이득이 무한대이기에 증폭기 입력 단자 간의 전압은 0이 되며, 이는 단락을 의미한다. 그러나 이 단락 현상을 물리적인 실제적 단락이 아니기에 이를 가상 접지라고 한다. 여기서 접지한 회로가 단락되었음을 가리킨다. 연산 증폭기의 입력 저항이 무한대이기에 입력 단자로 전류가 유입될 수 없다. 즉 그림에서 증폭기를 들여다 본 입력 저항은 무한대이면서, 그 양단 전압은 0이 됨을 유의해야 한다. 도입된 가상 접지 개념은 연산 증폭기를 이용한 회로 해석에서 중요한 역할을 한다.

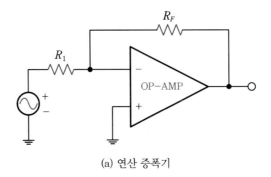

(a) 연산 증폭기

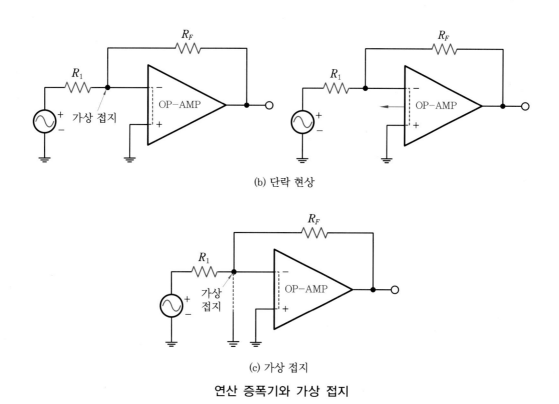

(b) 단락 현상

(c) 가상 접지

연산 증폭기와 가상 접지

2-2 반전 증폭 회로

다음 그림에서 가상 접지에 의해 증폭기 입력 단자의 전압은 $0(V_1 = 0)$이고, 또한 연산 증폭기의 입력 저항이 무한대이기에 연산 증폭기의 입력 단자로 전류가 들어갈 수 없다 $(I_2 = 0)$.

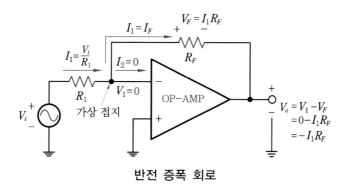

반전 증폭 회로

이를 감안하여 신호 전압과 출력 전압 간의 비인 전압 증폭도를 구하면 A_V는 다음과 같다.

$$A_V = \frac{V_o}{V_i} = \frac{-I_1 R_F}{I_1 R_1} = -\frac{R_F}{R_1}$$

음(−)의 부호의 의미는 출력 신호가 입력 신호와 $180°$ 위상차를 뜻한다.

따라서, 출력 신호가 입력 신호에 대해 $180°$ 반전되어 나타난다. 그리고 그 증폭도는 $\dfrac{R_F}{R_1}$ 저항의 비에 의해 결정된다.

2-3 비반전 증폭 회로

입력 신호가 비반전 입력 단자에 인가되도록 회로를 구성하고, 안정적인 증폭기 동작을 위해 출력 전압은 항상 반전 입력 단자로 되먹임이 되도록 회로를 구성한다.

다음 그림 (b)에서 연산 증폭기의 입력 저항이 무한대이기에 신호원에서 회로쪽으로 흐르는 전류 $I_+ = 0$이다. 가상 접지에 의하여 $V_i = V_1$가 된다. V_1의 전압은 그림 (c)의 등가 회로에서 전압 분배에 의해 $V_1 = \dfrac{R_1}{R_1 + R_F} V_o$이다.

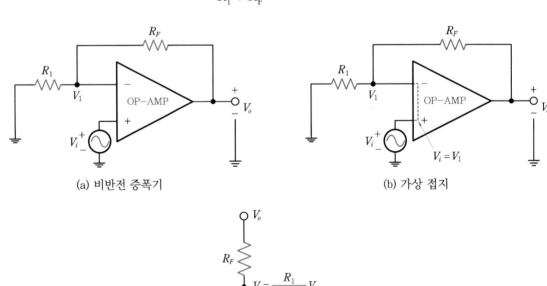

(a) 비반전 증폭기

(b) 가상 접지

(c) 등가 회로

비반전 증폭기

따라서 비반전 증폭기의 전압 이득 A_V는 다음과 같다.

$$A_\mathrm{V} = \frac{V_\mathrm{o}}{V_\mathrm{i}} = \frac{V_\mathrm{o}}{V_1} = \frac{V_\mathrm{o}}{\dfrac{R_1 V_\mathrm{o}}{R_1 + R_\mathrm{F}}} = \frac{(R_1 + R_\mathrm{F}) V_\mathrm{o}}{R_1 V_\mathrm{o}} = \frac{R_1 + R_\mathrm{F}}{R_1} = 1 + \frac{R_\mathrm{F}}{R_1}$$

비반전 증폭기의 전압 이득은 부호가 양이므로 입력과 출력이 동위상이고, R_1, R_F의 값에 관계없이 항상 1보다 크다는 것을 알 수 있다.

2-4 버퍼 증폭 회로

버퍼 증폭 회로는 비반전 증폭 회로에서 입력 저항 $R_1 = \infty$이고, $R_\mathrm{F} = 0$인 특수한 경우의 회로이며, 전압 증폭도 $A_\mathrm{V} = 1 + \dfrac{R_\mathrm{F}}{R_1} = 1$이 된다.

이회로의 특징은
① 입력 전압의 크기 및 위상이 그대로 출력 전압에 전달한다.
② 매우 높은 입력 저항($R_1 = \infty$), 매우 낮은 출력 저항($R_\mathrm{F} = 0$)을 갖는다.
③ 임피던스 정합의 기능을 수행한다.
④ 전류 공급 능력이 부족한 신호원으로부터 신호 전압을 얻어 손실 없이 다음 단계로 전달하는 역할이다.
⑤ 출력 전압이 입력 전압에 따라 변하므로 전압 플로어(voltage follower)라고 한다.

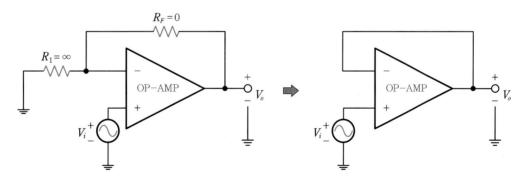

버퍼 증폭기

2-5 가산기 회로

반전 증폭기를 이용하여 다음 그림처럼 가산기 회로를 구성할 수 있다.

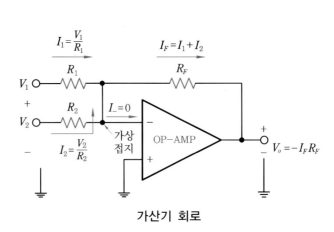

가산기 회로

그림에서 V_-는 가상 접지이므로($V_- = 0$), 입력 회로 R_1과 R_2에 흐르는 전류 I_1과 I_2는

$$I_1 = \frac{V_1 - V_-}{R_1} = \frac{V_1}{R_1}, \qquad I_2 = \frac{V_2 - V_-}{R_2} = \frac{V_2}{R_2}$$

이다. 또한, 연산 증폭기의 입력 저항이 매우 크므로($R_i = \infty$), 연산 증폭기 내부로는 전류가 흐를 수 없다($I_- = 0$). 따라서 대부분의 전류는 R_F를 통해 흐르게 된다($I_F = I_1 + I_2$). 출력 전압 V_o는 R_F 양단 전압을 이용하여 다음과 같이 구할 수 있다.

$$V_o = -I_F R_F = -(I_1 + I_2)R_F = -\left\{ \left(\frac{R_F}{R_1}\right)V_1 + \left(\frac{R_F}{R_2}\right)V_2 \right\}$$

만약, 입력 저항의 값이 동일하다면($R_1 = R_2$), 출력 전압 V_o는 다음과 같다.

$$V_o = -\frac{R_F}{R_1}(V_1 + V_2)$$

이것으로 (−) 부호는 $180°$ 위상차를 의미하며, 출력 전류는 입력 전류의 합으로 구할 수 있고, 출력 전압은 입력 전압의 합으로 구할 수 있으므로 가산기라고 한다.

2-6   감산기 회로

다음 그림과 같이 반전 입력 단자와 비반전 입력 단자에 각각 동시에 신호를 입력하는
회로가 감산기 회로이다.

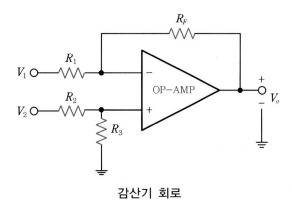

감산기 회로

감산기 회로는 중첩의 원리를 이용하여 설명할 수 있다.

첫째, 반전 입력 전압 V_1만 존재, $V_2 = 0$일 때 : 출력 전압을 V_{o1}이라고 하자.

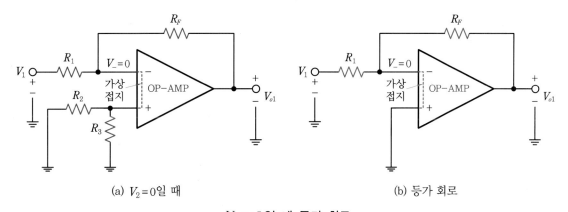

(a) $V_2 = 0$일 때   (b) 등가 회로

$V_2 = 0$일 때 등가 회로

그림 (b)와 같이 반전 증폭기 회로에 의한 출력 전압으로 다음과 같다.

$$V_{o1} = -\frac{R_F}{R_1} V_1$$

둘째, 비반전 입력 전압 V_2만 존재, $V_1 = 0$일 때 : 출력 전압을 V_{o2}라고 하자.

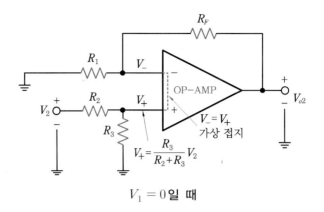

$V_1 = 0$**일 때**

비반전 입력 전압 $V_+ = \dfrac{R_3}{R_2 + R_3} V_2$, 가상 접지에 의해 $V_+ = V_-$, 따라서 출력 전압 V_{o2}는 비반전 증폭기 회로의 원리에 의해 다음과 같다.

$$V_{o2} = \left(1 + \frac{R_F}{R_1}\right) V_+ = \left(1 + \frac{R_F}{R_1}\right)\left(\frac{R_3}{R_2 + R_3}\right) V_2$$

따라서, 두 입력 전압 V_1, V_2가 모두 존재할 때 출력 전압 V_o은 중첩의 원리에 의해 출력 전압 V_{o1}과 출력 전압 V_{o2}의 합으로 표현할 수 있다.

만일, $\dfrac{R_F}{R_1} = \dfrac{R_3}{R_2}$이면, V_{o2}는

$$V_{o2} = \left(1 + \frac{R_F}{R_1}\right)\left(\frac{R_3}{R_2 + R_3}\right) V_2 = \left(1 + \frac{R_3}{R_2}\right)\left(\frac{R_3}{R_2 + R_3}\right) V_2$$

$$= \left(\frac{R_2 + R_3}{R_2}\right)\left(\frac{R_3}{R_2 + R_3}\right) V_2 = \frac{R_3}{R_2} V_2 = \frac{R_F}{R_1} V_2$$

이므로, 출력 전압 V_o는 다음과 같다.

$$V_o = V_{o1} + V_{o2} = -\frac{R_F}{R_1} V_1 + \frac{R_F}{R_1} V_2 = \frac{R_F}{R_1}(V_2 - V_1)$$

위 식에서 $\dfrac{R_F}{R_1} = \dfrac{R_3}{R_2}$라고 가정했을 때 출력 전압은 입력 전압의 차로 구할 수 있기 때문에 감산기라고 한다.

다음 그림과 같이 반전 입력단에 저항 R을 커패시터 C로 대체한 회로이다. 출력 전압은 입력 전압의 미분 형태로 결정되기 때문에 미분기(differentiator)라고 한다.

반전 증폭기 회로에서 반전 입력 단자는 가상 접지되어 입력 전류 $I = C\dfrac{dV_\mathrm{i}}{dt}$ 이다.

출력 전압 V_o는 입력 전압 V_i의 시간에 대한 미분에 비례하는 다음과 같은 식을 구할 수 있다.

$$V_\mathrm{o} = -R_\mathrm{F}I = -R_\mathrm{F}C\frac{dV_\mathrm{i}}{dt}$$

다음 그림에서처럼 구형파와 삼각파 입력 신호에 대하여 각각 미분한 결과의 출력 신호를 나타낸다. 반전 증폭기를 이용하므로 입력 신호와 출력 신호의 위상은 180° 반전되어 있다. 미분기는 직사각형의 에지(edge)를 검출하거나, 트리거용 펄스를 만드는 데 사용된다.

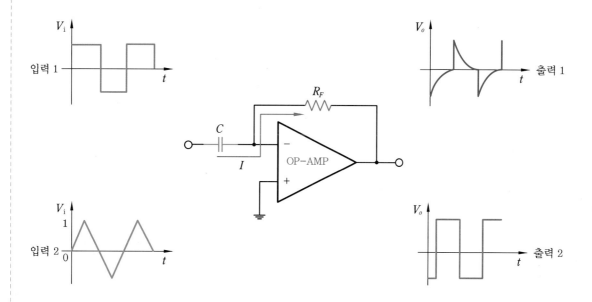

미분기 회로의 입·출력 파형

2-8 적분기 회로

다음 그림과 같이 반전 입력단에 저항, 되먹임 회로에 커패시터를 배치하여 구성한 적분기 회로이다. 출력 전압은 입력 전압의 적분 형태로 결정되기 때문에 적분기(integrator)라고 한다.

반전 증폭기 회로에서 반전 입력 단자는 가상 접지되어 입력 전류 $I = \dfrac{V_i}{R}$ 이다. 커패시터 양단의 전압은 $V_C = \dfrac{1}{C_F} \displaystyle\int I dt$ 로 커패시터 전류의 적분에 비례하고, 출력 전압 $V_o = -V_C$ 로 커패시터 전압 V_C 와 크기는 같고 극성은 반대이다. 출력 전압 V_o 는 입력 전압 V_i 의 적분에 비례하는 다음과 같은 식을 구할 수 있다.

$$V_o = -V_C = \frac{1}{C_F} \int I dt = -\frac{1}{C_F} \int \frac{V_i}{R} dt = -\frac{1}{RC_F} \int V_i dt$$

다음 그림과 같이 직류와 구형파 입력 신호에 대하여 각각 적분한 결과의 출력 신호를 나타낸다. 반전 증폭기를 이용하므로 입력 신호와 출력 신호의 위상은 $180°$ 반전되어 있다.

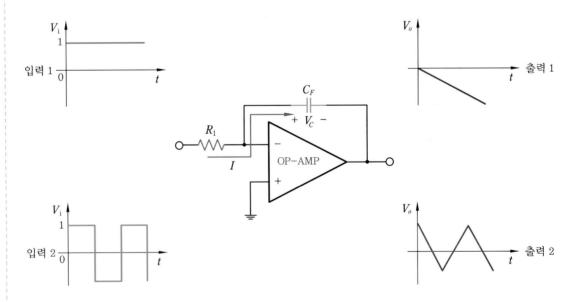

적분기 회로의 입·출력 파형

⟫⟫⟫ 연산 증폭기 실습 과제

❖ 실습 1

작품명	반전 증폭기					
실습 목표	연산 증폭기를 이용한 반전 증폭기의 입출력 파형을 측정하고 동작 원리를 설명할 수 있다.					
작업 부품	명칭	규격	수량	명칭	규격	수량
	연산 증폭기	LM741	1	저항(R_F)	10kΩ	1
	저항(R_1, R_2)	1kΩ	2	저항(R_F, R_L)	100kΩ	2
작업 기기	명칭	규격	수량	명칭	규격	수량
	직류 전원 장치	1A, 0~30V	1	신호 발생기	1GHz	1
	회로 시험기	VOM	1	오실로스코프	2채널, 20MHz 이상	1
	브레드 보드	일반형	1			

작업 회로

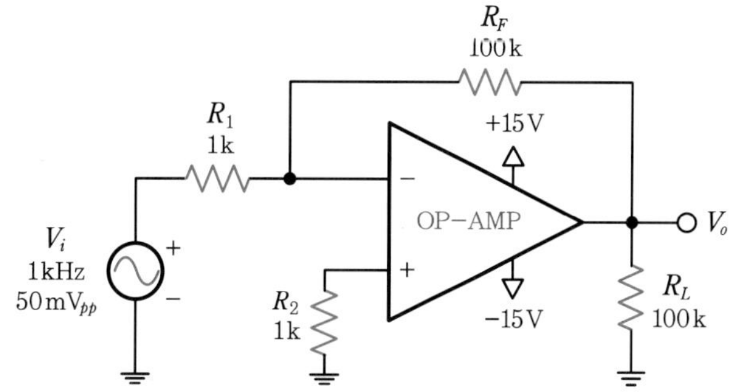

● 실습 순서
- 위 회로를 지시에 따라 기판 및 브레드 보드에 제작하시오.
- 회로가 정상적으로 동작하지 않으면 회로를 수정하여 정상 동작시키시오.
- 입력 파형과 출력 파형을 오실로스코프로 측정하여 그리시오.

측정 1. $R_F = 10kΩ$**일 때**

입력 파형

Volt/Div =

Time/DiV =

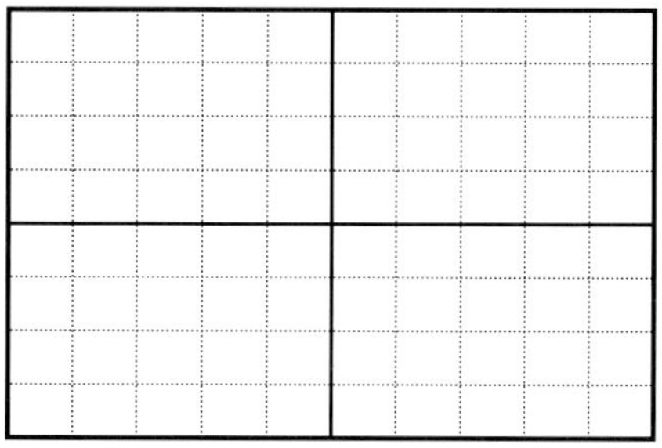

출력 파형

Volt/Div =

Time/DiV =

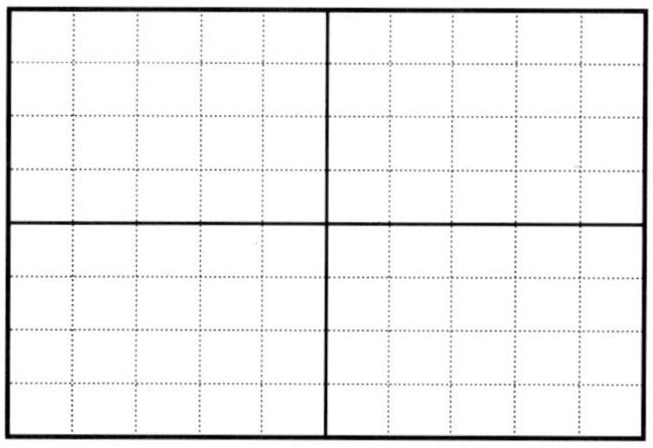

※ 증폭기 이득을 표에 계산값과 측정값을 작성하시오.

출력 전압 $V_{\mathrm{o}}[V_{\mathrm{P-P}}]$	전압 이득(A_{V})		비교 결과
	측정값($V_{\mathrm{o}}/V_{\mathrm{i}}$)	계산값(R_{F}/R_1)	

측정 2. $R_{\mathrm{F}} = 100\mathrm{k}\Omega$일 때

입력 파형   출력 파형

Volt/Div =   Volt/Div =

Time/DiV =   Time/DiV =

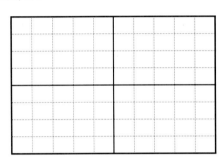   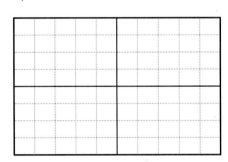

※ 증폭기 이득을 표에 계산값과 측정값을 작성하시오.

출력 전압 $V_{\mathrm{o}}[V_{\mathrm{P-P}}]$	전압 이득(A_{V})		비교 결과
	측정값($V_{\mathrm{o}}/V_{\mathrm{i}}$)	계산값(R_{F}/R_1)	

작업 요구 사항 및 평가

• 작품과 실습 지시서를 반드시 제출하고 점검받기 바랍니다.

구분	평가 요소	평가 결과		
		상	중	하
회로도 이해	• 요구된 회로 특성을 잘 파악하였는가?			
	• 요구된 데이터를 제출하였는가?			
작품 평가	• 배선 및 결선이 적절하여 동작하는가?			
	• 배선 및 결선이 적절하지 못하나, 수리하였는가?			
작업 평가	• 실습실 안전 수칙을 잘 준수하였는가?			
	• 실습 과정과 마무리 정리 정돈을 잘 하였는가?			

평가

마무리

1. 결과물을 제출한다.
2. 실습 장소를 깨끗이 정리 정돈하고 청소를 실시한다.
3. 위험 요소가 없는지 확인한다.

❖ 실습 2

작품명	비반전 증폭기

실습 목표	연산 증폭기를 이용한 비반전 증폭기의 입출력 파형을 측정하고 동작 원리를 설명할 수 있다.

작업 부품	명칭	규격	수량	명칭	규격	수량
	연산 증폭기	LM741	1	저항(R_F)	10kΩ	1
	저항(R_1)	1kΩ	2	저항(R_F, R_L)	100kΩ	2

작업 기기	명칭	규격	수량	명칭	규격	수량
	직류 전원 장치	1A, 0~30V	1	신호 발생기	1GHz	1
	회로 시험기	VOM	1	오실로스코프	2채널, 20MHz 이상	1
	브레드 보드	일반형	1			

작업 회로	

작업 요구 사항 및 평가	• 실습 순서 　• 위 회로를 지시에 따라 기판 및 브레드 보드에 제작하시오. 　• 회로가 정상적으로 동작하지 않으면 회로를 수정하여 정상 동작시키시오. 　• 입력 파형과 출력 파형을 오실로스코프로 측정하여 그리시오. **측정 1.** $R_F = 10$kΩ일 때 입력 파형　　　　　　　　　　　　　출력 파형 Volt/Div =　　　　　　　　　　　　Volt/Div = Time/DiV =　　　　　　　　　　　　Time/DiV =

※ 증폭기 이득을 표에 계산값과 측정값을 작성하시오.

출력 전압 $V_o[V_{P-P}]$	전압 이득(A_V)		비교 결과
	측정값(V_o/V_i)	계산값(R_F/R_1)	

측정 2. $R_F = 100k\Omega$일 때

입력 파형   출력 파형

Volt/Div =   Volt/Div =

Time/DiV =   Time/DiV =

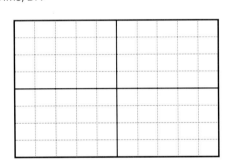   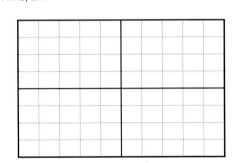

※ 증폭기 이득을 표에 계산값과 측정값을 작성하시오.

출력 전압 $V_o[V_{P-P}]$	전압 이득(A_V)		비교 결과
	측정값(V_o/V_i)	계산값(R_F/R_1)	

작업 요구 사항 및 평가

• 작품과 실습 지시서를 반드시 제출하고 점검받기 바랍니다.

구분	평가 요소	평가 결과		
		상	중	하
회로도 이해	• 요구된 회로 특성을 잘 파악하였는가?			
	• 요구된 데이터를 제출하였는가?			
작품 평가	• 배선 및 결선이 적절하여 동작하는가?			
	• 배선 및 결선이 적절하지 못하나, 수리하였는가?			
작업 평가	• 실습실 안전 수칙을 잘 준수하였는가?			
	• 실습 과정과 마무리 정리 정돈을 잘 하였는가?			

평가

마무리

1. 결과물을 제출한다.
2. 실습 장소를 깨끗이 정리 정돈하고 청소를 실시한다.
3. 위험 요소가 없는지 확인한다.

❖ 실습 3

작품명				가산기 회로			
실습 목표	연산 증폭기를 이용한 가산기 회로의 입출력 파형을 측정하고 동작 원리를 설명할 수 있다.						
작업 부품	명칭	규격	수량	명칭	규격	수량	
	연산 증폭기	LM741	1	저항(R_F)	10kΩ	1	
	저항(R_1, R_2, R_3)	1kΩ	3	저항(R_L)	100kΩ	1	
작업 기기	명칭	규격	수량	명칭	규격	수량	
	직류 전원 장치	1A, 0~30V	1	신호 발생기	1GHz	2	
	회로 시험기	VOM	1	오실로스코프	2채널, 20MHz 이상	1	
	브레드 보드	일반형	1				
작업 회로							

- 실습 순서
  - 위 회로를 지시에 따라 기판 및 브레드 보드에 제작하시오.
  - 회로가 정상적으로 동작하지 않으면 회로를 수정하여 정상 동작시키시오.
  - 입력 파형과 출력 파형을 오실로스코프로 측정하여 그리시오.

측정

작업 요구 사항 및 평가

입력 파형

Volt/Div =

Time/DiV =

출력 파형

Volt/Div =

Time/DiV =

작업 요구 사항 및 평가	※ 승폭기 이득을 표에 계산값과 측성값을 삭성하시오.				

	출력 전압 $V_\text{o}[V_\text{P-P}]$	전압 이득(A_V)		비교 결과
		측정값(V_o/V_i)	계산값(R_F/R_1)	

평가	• 작품과 실습 지시서를 반드시 제출하고 점검받기 바랍니다.

구분	평가 요소	평가 결과		
		상	중	하
회로도 이해	• 요구된 회로 특성을 잘 파악하였는가?			
	• 요구된 데이터를 제출하였는가?			
작품 평가	• 배선 및 결선이 적절하여 동작하는가?			
	• 배선 및 결선이 적절하지 못하나, 수리하였는가?			
작업 평가	• 실습실 안전 수칙을 잘 준수하였는가?			
	• 실습 과정과 마무리 정리 정돈을 잘 하였는가?			

마무리	1. 결과물을 제출한다. 2. 실습 장소를 깨끗이 정리 정돈하고 청소를 실시한다. 3. 위험 요소가 없는지 확인한다.

비고	

❖ 실습 4

작품명	감산기 회로					
실습 목표	연산 증폭기를 이용한 감산기 회로의 입출력 파형을 측정하고 동작 원리를 설명할 수 있다.					

작업 부품	명칭	규격	수량	명칭	규격	수량
	연산 증폭기	LM741	1	저항(R_3, R_F)	10kΩ	2
	저항(R_1, R_2)	1kΩ	2	저항(R_L)	100kΩ	1

작업 기기	명칭	규격	수량	명칭	규격	수량
	직류 전원 장치	1A, 0~30V	1	신호 발생기	1GHz	2
	회로 시험기	VOM	1	오실로스코프	2채널, 20MHz 이상	1
	브레드보드	일반형	1			

작업 회로

작업 요구 사항 및 평가

- 실습 순서
  - 위 회로를 지시에 따라 기판 및 브레드 보드에 제작하시오.
  - 회로가 정상적으로 동작하지 않으면 회로를 수정하여 정상 동작시키시오.
  - 입력 파형과 출력 파형을 오실로스코프로 측정하여 그리시오.

측정

입력 파형

Volt/Div =

Time/DiV =

출력 파형

Volt/Div =

Time/DiV =

작업 요구 사항 및 평가	※ 증폭기 이득을 표에 계산값과 측정값을 작성하시오.				

출력 전압 $V_o[V_{P-P}]$	전압 이득(A_V)		비교 결과
	측정값(V_o/V_i)	계산값(R_F/R_1)	

• 작품과 실습 지시서를 반드시 제출하고 점검받기 바랍니다.

구분	평가 요소	평가 결과		
		상	중	하
회로도 이해	• 요구된 회로 특성을 잘 파악하였는가?			
	• 요구된 데이터를 제출하였는가?			
작품 평가	• 배선 및 결선이 적절하여 동작하는가?			
	• 배선 및 결선이 적절하지 못하나, 수리하였는가?			
작업 평가	• 실습실 안전 수칙을 잘 준수하였는가?			
	• 실습 과정과 마무리 정리 정돈을 잘 하였는가?			

마무리

1. 결과물을 제출한다.
2. 실습 장소를 깨끗이 정리 정돈하고 청소를 실시한다.
3. 위험 요소가 없는지 확인한다.

비고

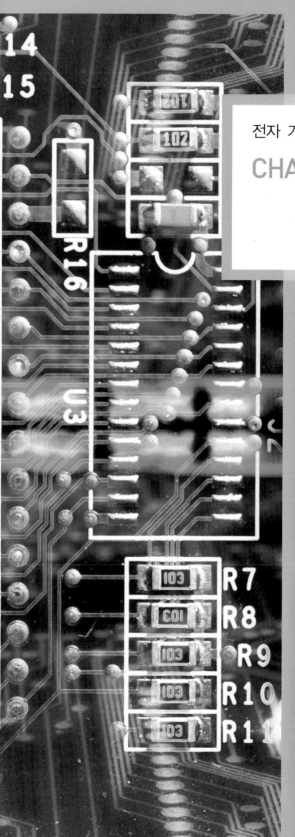

전자 기초 실기/실습

CHAPTER

07

디지털 논리 회로

1 ● 기본 논리 게이트

불 대수의 기본 연산으로는 논리곱(AND), 논리합(OR), 논리 부정(NOT)의 세 가지가 있다. 이와 같이 기본적인 불 연산을 수행할 수 있도록 여러 가지의 전자 회로 소자들을 집적화시켜 집적 회로(IC)로 만들어진 것을 논리 게이트(gate)라고 하며, 기본 논리 게이트와 응용 논리 게이트가 있다.

기본 논리 게이트에는 AND, OR, NOT 논리 게이트가 있다.

1-1   AND 논리 게이트

AND 게이트는 2개 이상의 입력 논리 변수들을 논리적으로 곱하는 AND 연산을 수행하여 한 개의 출력을 얻는 게이트로, 연산 기호로는 • 또는 ×를 사용하며 생략할 수도 있다.

AND 연산을 실현하는 논리 기호, 논리식, 이것의 이해를 돕기 위한 스위치 회로, AND 논리 게이트의 진리표 및 실무 능력을 향상시키기 위한 IC의 핀 번호를 제공한다.

이와 관련하여 AND 게이트 회로의 TTL IC로는 7408(2입력), 7411(3입력)이 있고, CMOS IC로는 4081(2입력), 4073(3입력)이 있다.

논리 기호	논리식	스위치 회로	진리표			핀 번호

논리 기호: A, B 입력 → AND 게이트 → Y 출력

논리식:
$$Y = A \cdot B$$
$$= A \times B$$
$$= AB$$

스위치 회로: SW A, SW B, 전원(+), 램프

입력		출력
A	B	Y
0	0	0
0	1	0
1	0	0
1	1	1

핀 번호: 74LS08
VCC B4 A4 Y4 B3 A3 Y3 (14 13 12 11 10 9 8)
A1 B1 Y1 A2 B2 Y2 GND (1 2 3 4 5 6 7)

1-2　OR 논리 게이트

　　OR 게이트는 2개 이상의 입력 논리 변수들을 논리적으로 합하는 OR 연산을 수행하여 한 개의 출력을 얻는 게이트로, 연산 기호로는 +를 사용한다.

　　OR 연산을 실현하는 논리 기호, 논리식, 이것의 이해를 돕기 위한 스위치 회로, OR 논리 게이트의 진리표 및 실무 능력을 향상시키기 위한 IC의 핀 번호를 제공한다. 이와 관련하여 OR 게이트 회로의 TTL IC로는 7432(2입력)가 있고, CMOS IC로는 4071(2입력), 4075(3입력)가 있다.

논리 기호	논리식	스위치 회로	진리표			핀 번호
			입력		출력	
			A	B	Y	
$Y = A + B$			0	0	0	74LS32
			0	1	1	
			1	0	1	
			1	1	1	

1-3　NOT 논리 게이트

　　NOT 게이트는 1개의 입력과 1개의 출력을 가지며, 일반적으로 반전(invert) 또는 보수(complement) 기능의 연산을 수행한다. 하나의 논리 레벨을 반전 또는 보수화된 다른 논리 레벨로 변환하는 것이므로 인버터(inverter)라고도 한다.

　　NOT 연산을 실현하는 논리 기호, 논리식, 이것의 이해를 돕기 위한 스위치 회로, NOT 논리 게이트의 진리표 및 실무 능력을 향상시키기 위한 IC의 핀 번호를 제공한다. 이와 관련하여 NOT 게이트 회로의 TTL IC로는 7404, 7405, 7406이 있고, CMOS IC로는 4049, 4069가 있다.

논리 기호	논리식	스위치 회로	진리표		핀 번호
			입력	출력	
	$Y = \overline{A}$		A	Y	74LS04
			0	1	
			1	0	

1-4 XOR 논리 게이트

XOR 게이트는 부정 논리합(exclusive-OR, XOR 또는 EXOR로도 표시)이라고 하며, 논리 기호, 논리식 및 진리표, 동작 파형은 다음과 같다.

XOR 연산을 실현하는 논리 기호, 논리식, 이것의 이해를 돕기 위한 XOR 논리 게이트의 진리표 및 실무 능력을 향상시키기 위한 IC의 핀 번호를 제공한다. 이와 관련하여 XOR 게이트 회로의 TTL IC로는 7486(2입력)이 있고, CMOS IC로는 4030(2입력)이 있다.

논리 기호	게이트 구성	논리식	진리표			핀 번호
			입력		출력	
		$Y = \overline{A}B + A\overline{B}$ $= A \oplus B$	A	B	Y	
			0	0	0	
			0	1	1	
			1	0	1	
			1	1	1	

1-5 NAND 논리 게이트

NAND 게이트는 AND 게이트에 NOT 게이트를 출력 부분에 연결한 것으로, AND 연산의 출력을 보수화한 것이다. NAND 게이트의 논리 기호, 논리식 및 진리표, 동작 파형을 표시하면 다음과 같다.

NAND 연산을 실현하는 논리 기호, 논리식, 이것의 이해를 돕기 위한 NAND 논리 게이트의 진리표 및 실무 능력을 향상시키기 위한 IC의 핀 번호를 제공한다. 이와 관련하여 NAND 게이트 회로의 TTL IC로는 7400(2입력), 7410(3입력)이 있고, CMOS IC로는 4011(2입력), 4023(3입력)이 있다.

논리 기호	게이트 구성	논리식	진리표			핀 번호
			입력		출력	
		$Y = \overline{AB}$	A	B	Y	
			0	0	1	
			0	1	1	
			1	0	1	
			1	1	0	

1-6　NOR 논리 게이트

　　NOR 게이트는 OR 게이트에 NOT 게이트를 출력 부분에 연결한 것으로, OR 연산의 출력을 보수화한 것이다. NOR 게이트의 논리 기호, 논리식 및 진리표, 동작 파형을 표시하면 다음과 같다.

　　NOR 연산을 실현하는 논리 기호, 논리식, 이것의 이해를 돕기 위한 NOR 논리 게이트의 진리표 및 실무 능력을 향상시키기 위한 IC의 핀 번호를 제공한다.

　　이와 관련하여 NOR 게이트 회로의 TTL IC로는 7402(2입력), 7427(3입력)이 있고, CMOS IC로는 4001(2입력), 4025(3입력)가 있다.

논리 기호	게이트 구성	논리식	진리표			핀 번호

논리식: $Y = \overline{A + B}$

입력		출력
A	B	Y
0	0	1
0	1	0
1	0	0
1	1	0

핀 번호: 74LS02
VCC Y4 B4 A4 Y3 B3 A3 (14 13 12 11 10 9 8)
Y1 A1 B1 Y2 A2 B2 GND (1 2 3 4 5 6 7)

논리 게이트의 종류와 IC 핀 번호

게이트	논리 기호	IC No.	핀 접속도	진리표	논리식
AND		TTL 7408(2입력) 7415(3입력) CMOS 4018(2입력) 4073(3입력)	74LS08	입력 A B / 출력 Y: 0 0 0 / 0 1 0 / 1 0 0 / 1 1 1	$Y = A \cdot B$ $= A \times B$ $= AB$
OR		TTL 7432(2입력) CMOS 4071(2입력) 4075(3입력) 14072(4입력)	74LS32	입력 A B / 출력 Y: 0 0 0 / 0 1 1 / 1 0 1 / 1 1 1	$Y = A + B$
NOT		TTL 7404(2입력) 7405/7406 CMOS 4049(2입력) 4069(2입력)	74LS04	입력 A / 출력 Y: 0 1 / 1 0	$Y = \overline{A}$
XOR		TTL 7486(2입력) CMOS 4030(2입력)	74LS86	입력 A B / 출력 Y: 0 0 0 / 0 1 1 / 1 0 0 / 1 1 1	$Y = A\overline{B} + \overline{A}B$ $= A \oplus B$
NAND		TTL 7400(2입력) 7410(3입력) CMOS 4011(2입력) 4023(3입력)	74LS00	입력 A B / 출력 Y: 0 0 1 / 0 1 1 / 1 0 1 / 1 1 0	$Y = \overline{A + B}$
NOR		TTL 7402(2입력) 7427(3입력) CMOS 4001(2입력) 4025(3입력)	74LS02	입력 A B / 출력 Y: 0 0 1 / 0 1 0 / 1 0 0 / 1 1 0	$Y = \overline{A \cdot B}$ $= \overline{A \times B}$ $= \overline{AB}$

2 ── 논리 회로 설계

2-1 불 대수

(1) 불 대수의 정의

불 대수는 두 가지 중요한 특징을 가진다. 하나는 논리 회로의 변수들을 '참' 또는 '거짓' 중의 하나라고 한정하는 것이고, 다른 하나는 이 변수들을 논리합(OR), 논리곱(AND), 논리 부정(NOT) 등과 같은 연산자(operator)로 나타낼 수 있다는 것이다.

(2) 불 대수의 필요성

논리 회로의 입출력 관계를 불 대수로 표현할 수 있는데 불 대수의 공리와 기본 법칙 그리고 연산식을 이용하여 출력식을 간소화하여 나타낼 수 있다. 이와 같이 간소화한 식을 이용하면 같은 기능을 가지면서도 구조적으로는 간단한 논리 회로를 설계할 수 있기 때문에 불 대수가 중요하다.

(3) 불 대수의 공리

공리 1	$A \neq 0$이면 $A = 1$ $A = 1$이면 $\overline{A} = 0$	$A \neq 1$이면 $A = 0$ $A = 0$이면 $\overline{A} = 1$
공리 2	$0 \cdot 0 = 0$	$0 + 0 = 0$
공리 3	$1 \cdot 1 = 1$	$1 + 1 = 1$
공리 4	$1 \cdot 0 = 0$	$1 + 0 = 1$
공리 5	$\overline{1} = 0$	$\overline{0} = 1$

2-2 불 대수의 기본 정리

정리 1	$A + 0 = A$	$A \cdot 0 = 0$
정리 2	$A + \overline{A} = 1$	$A \cdot \overline{A} = 0$
정리 3	$A + A = A$	$A \cdot A = A$
정리 4	$A + 1 = 1$	$A \cdot 1 = A$

2-3 기본 법칙

교환 법칙	$A + B = B + A$	$A \cdot B = B \cdot A$
결합 법칙	$A + (B + C) = (A + B) + C$	$A \cdot (B \cdot C) = (A \cdot B) \cdot C$
분배 법칙	$A \cdot (B + C) = A \cdot B + A \cdot C$	$A + (B \cdot C) = (A + B) \cdot (A + C)$
흡수 법칙	$A + (A \cdot B) = A$	$A \cdot (A + B) = A$
2중 부정	$\overline{\overline{A}} = A$	

2-4 드모르간의 법칙

논리학자이며 수학자인 드모르간이 제안한 드모르간의 법칙은 쌍대 법칙에 부정의 개념을 적용하여 불 대수식 사이에 논리합과 논리곱의 상호 교환이 가능하도록 한 정리이다. 불 대수 정리의 대수식 사이에는 일정한 관계가 성립하는데, 이것은 논리식의 간소화에 많이 이용한다.

제 1 법칙	$\overline{A + B} = \overline{A} \cdot \overline{B}$
제 2 법칙	$\overline{A \cdot B} = \overline{A} + \overline{B}$

(1) 드모르간의 정리

첫째, 논리식의 전체 부정을 각 논리 변수의 부정으로 바꾼다.
둘째, 논리곱은 논리합으로, 논리합은 논리곱으로 각각 바꾼다.
셋째, 논리 상수가 있으면 1은 0으로, 0은 1로 바꾼다.

(2) 논리식의 쌍대성

첫째, 논리곱(AND)은 논리합(OR)으로, 논리합(OR)은 논리곱(AND)으로 대치한다.
둘째, 0은 1로, 1은 0으로 대치한다.
셋째, 논리 변수의 문자는 그대로 사용한다.

2-5 논리식의 간소화

불 대수로 표현한 논리식은 논리 게이트를 이용하여 논리 회로로 구성할 수 있다. 논리 게이트와 입·출력 선의 개수를 줄여 논리 회로를 간소화하는 것은 그만큼 회로가 간단해 진다는 것을 의미한다. 구현한 논리 회로가 복잡하거나 소량 생산되는 부품일 경우에는 시스템의 신뢰성 및 경제성에 관한 문제가 있기 때문에 논리 회로를 구현하기 전에 간소화하는 작업을 해야 한다. 즉, 논리식이 간소화되면 게이트 수와 오류 발생률을 줄일 수 있어서 회로 조립 및 생산 비용 절감과 신뢰도가 향상되고, 효율성을 높일 수 있다. 이와 같이 논리식에서 불필요한 항과 변수를 제거하여 간소화된 등가식으로 만드는 것을 논리식의 간소화라고 한다.

논리식을 간소화하면 여러 개의 게이트들을 하나의 게이트로 구성할 수 있어서 경제적이다.

논리식을 간소화시키는 방법에는 불 대수에 의한 방법과 카르노도에 의한 방법 등이 있다.

- 불 대수를 이용하는 논리식 간소화 방법
- 카르노도(Kranaugh Map)를 이용하는 논리식 간소화 방법

(1) 불 대수를 이용한 논리식의 간소화

임의의 불 함수를 간소화하면 논리 회로 구현 시 필요한 게이트의 수를 최소화할 수 있다.

앞에서 배웠던 불 대수의 기본 정리와 기본 법칙, 드모르간의 정리 등을 이용하여 간소화할 수 있다.

예제 1. $Y = AB + A\overline{B} + \overline{A}B$ 를 간소화하시오.

$Y = AB + A\overline{B} + \overline{A}B$	➡ 결합 법칙 적용
$= A(B + \overline{B}) + \overline{A}B$	➡ 불 대수 기본 정리 $B + \overline{B} = 1$ 적용
$= A + \overline{A}B$	➡ 불 대수 기본 정리 $1 + B = 1$ 적용
$= A(1 + B) + \overline{A}B$	➡ 불 대수의 기본 정리 적용
$= A + AB + \overline{A}B$	➡ 분배 법칙 적용
$= A + (A + \overline{A})B$	➡ 불 대수 기본 정리 $A + \overline{A} = 1$ 적용
$= A + B$	➡ 불 대수의 기본 정리 적용

예제 2. $Y = A + ABC + \overline{A}BC + AD + A\overline{D} + \overline{A}B$ 를 간소화하시오.

$$Y = A + ABC + \overline{A}BC + AD + A\overline{D} + \overline{A}B \quad \Rightarrow \quad \text{분배 법칙 적용}$$

$$= A + BC(A + \overline{A}) + A(D + \overline{D}) + \overline{A}B \quad \Rightarrow \quad \text{불 대수 기본 정리 } A + \overline{A} = 1 \text{ 적용}$$

$$= A + BC + A + \overline{A}B \quad \Rightarrow \quad \text{불 대수 기본 정리 } A + A = A \text{ 적용}$$

$$= A + BC + \overline{A} \quad \Rightarrow \quad \text{분배 법칙 적용}$$

$$= (A + \overline{A})(A + B) + BC \quad \Rightarrow \quad \text{불 대수 기본 정리 } A + \overline{A} = 1 \text{ 적용}$$

$$= A + B(1 + C) \quad \Rightarrow \quad \text{분배 법칙 적용}$$

$$= A + B \quad \Rightarrow \quad \text{불 대수 기본 정리 } A + 1 = 1 \text{ 적용}$$

(2) 카르노도를 이용한 논리식의 간소화 방법

① 카르노도 구성 및 처리 방법

- 진리표를 직사각형의 그림으로 나타낸 것
- 카르노도의 내부 : 최소 항(논리곱) – AND 게이트

  $0 \cdot 0 = 0 \; ; \; 0 \cdot 1 = 0 \; ; \; 1 \cdot 0 = 0 \; ; \; 1 \cdot 1 = 1$

- 카르노도의 외부 : 최대 항(논리합) – OR 게이트

  $0 + 0 = 0 \; ; \; 0 + 1 = 1 \; ; \; 1 + 0 = 1 \; ; \; 1 + 1 = 1$

- 변수 : 논리 게이트의 입력을 의미
- 논리 변수 : 그레이 코드 순으로 기재(00 01 11 10)

  [그레이 코드 변환 방법]

  $(0000)_2 \;\Rightarrow\; (0000)g$ (그레이 코드)

  $(0001)_2 \;\Rightarrow\; (0001)g$ (그레이 코드)

  $(0010)_2 \;\Rightarrow\; (0011)g$ (그레이 코드)

  $(0011)_2 \;\Rightarrow\; (0010)g$ (그레이 코드)

  $\vdots$

- 변수 배치 : 상부 변은 짝수 또는 우선 홀수로 기재
- 서브 큐브(subcube) : 카르노도에서 1로 표시된 것(출력)을 짝수로 묶을 것(홀로 남은 것은 독립적으로 처리함)
- 가급적 많은 인접한 최소 항들을 묶어서 최대의 서브 큐브로 만든다.
- 서브 큐브의 수를 가능한 적게 한다(가능한 크게 묶음).
- 중복해서 묶어도 된다.

- 논리식의 간소화 방법 1 : 최소 항의 변수에서 변화가 없는 것을 하나의 항으로 하여 논리곱으로 결합(서브 큐브 처리 1)
- 논리식의 간소화 방법 2 : 서브 큐브들은 논리합으로 최종 결합(카르노도의 외부 처리)

(2) 카르노도 구성 및 처리 방법

진리표를 표 모양으로 나타낸 것이 카르노도이다. 이것은 여러 개의 작은 셀로 구성되어 있는데, 이 셀들은 각각 하나의 위에서 설명한 바와 같이 내부는 논리곱의 형태인 최소 항 형태로 표시한다. 변수가 n개이면 n^2개 만큼의 셀이 필요하다. 예를 들면 변수가 A, B 2개가 있는 경우 셀은 4개이다. 다시 말하면 변수가 3개이면 8개의 셀로 구성한다. 변수 명을 기록하는 것은 편리하게 기재하면 된다. 다음의 예를 보면 쉽게 이해할 수 있다. 보충하여 설명하면, 변수는 논리 회로에서 입력부가 된다.

(3) 2변수 카르노도와 최소 항 표시 방법

입력		최소 항	
A	B	항 표시	항 기호
0	0	$\overline{A}\,\overline{B}$	m_0
0	1	$\overline{A}\,B$	m_1
1	0	$A\,\overline{B}$	m_2
1	1	AB	m_3

A＼B	0	1
0	$\overline{A}\,\overline{B}$	$\overline{A}\,B$
1	$A\,\overline{B}$	AB

(최소 항 표시 방법)

A＼B	$\overline{B}$	B
$\overline{A}$	m_0	m_1
A	m_2	m_3

(최소 항 기호 방법)

논리 변수 계산법 : $2^2 = 4$칸 셀 (셀-사각형)

2변수 논리식의 간략화

$Y = \overline{A}\,\overline{B} + A\,\overline{B} + AB$를 간략화하시오.

십진수	입력		최소 항		출력(Y)
	A	B	항 표시	항 기호	
0	0	0	$\overline{A}\,\overline{B}$	m_0	1
1	0	1	$\overline{A}\,B$	m_1	0
2	1	0	$A\,\overline{B}$	m_2	1
3	1	1	AB	m_3	1

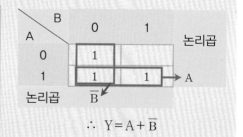

$$\therefore\ Y = A + \overline{B}$$

※ 카르노도 외부의 논리곱 항을 순서에 맞게 논리합으로 정리함

(4) 3변수 카르노도와 최소 항 표시 방법

십진수	입력			최소 항	
	A	B	C	항 표시	항 기호
0	0	0	0	$\overline{A}\,\overline{B}\,\overline{C}$	m_0
1	0	0	1	$\overline{A}\,\overline{B}\,C$	m_1
2	0	1	0	$\overline{A}\,B\,\overline{C}$	m_2
3	0	1	1	$\overline{A}\,B\,C$	m_3
4	1	0	0	$A\,\overline{B}\,\overline{C}$	m_4
5	1	0	1	$A\,\overline{B}\,C$	m_5
6	1	1	0	$A\,B\,\overline{C}$	m_6
7	1	1	1	$A\,B\,C$	m_7

A \ BC	00	01	11	10
0	$\overline{A}\,\overline{B}\,\overline{C}$	$\overline{A}\,\overline{B}\,C$	$\overline{A}\,B\,C$	$\overline{A}\,B\,\overline{C}$
1	$A\,\overline{B}\,\overline{C}$	$A\,\overline{B}\,C$	$A\,B\,C$	$A\,B\,\overline{C}$

(최소 항 표시 방법)

A \ BC	$\overline{B}\,\overline{C}$	$\overline{B}\,C$	$B\,C$	$B\,\overline{C}$
$\overline{A}$	m_0	m_1	m_3	m_2
A	m_4	m_5	m_7	m_6

(최소 항 기호 방법)

변수 계산법 : $2^3 = 8$칸 셀 (셀-사각형)

3변수 논리식의 간략화

$Y = \overline{A}\,\overline{B}\,\overline{C} + \overline{A}\,B\,\overline{C} + A\,\overline{B}\,\overline{C} + A\,\overline{B}\,C$를 간략화하시오.

십진수	입력			최소 항		출력(Y)
	A	B	C	항 표시	항 기호	
0	0	0	0	$\overline{A}\,\overline{B}\,\overline{C}$	m_0	1
1	0	0	1	$\overline{A}\,\overline{B}\,C$	m_1	0
2	0	1	0	$\overline{A}\,B\,\overline{C}$	m_2	1
3	0	1	1	$\overline{A}\,B\,C$	m_3	0
4	1	0	0	$A\,\overline{B}\,\overline{C}$	m_4	1
5	1	0	1	$A\,\overline{B}\,C$	m_5	1
6	1	1	0	$A\,B\,\overline{C}$	m_6	0
7	1	1	1	$A\,B\,C$	m_7	0

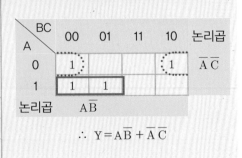

$$\therefore\ Y = A\,\overline{B} + \overline{A}\,\overline{C}$$

※ 카르노도 외부의 논리곱 항을 순서에 맞게 논리합으로 정리함

(5) 4변수 카르노도와 최소 항 표시 방법

십진수	입력				최소 항	
(16진)	A	B	C	D	항 표시	항 기호
0	0	0	0	0	$\overline{A}\,\overline{B}\,\overline{C}\,\overline{D}$	m_0
1	0	0	0	1	$\overline{A}\,\overline{B}\,\overline{C}D$	m_1
2	0	0	1	0	$\overline{A}\,\overline{B}C\overline{D}$	m_2
3	0	0	1	1	$\overline{A}\,\overline{B}CD$	m_3
4	0	1	0	0	$\overline{A}B\overline{C}\,\overline{D}$	m_4
5	0	1	0	1	$\overline{A}B\overline{C}D$	m_5
6	0	1	1	0	$\overline{A}BC\overline{D}$	m_6
7	0	1	1	1	$\overline{A}BCD$	m_7
8	1	0	0	0	$A\overline{B}\,\overline{C}\,\overline{D}$	m_8
9	1	0	0	1	$A\overline{B}\,\overline{C}D$	m_9
A(10)	1	0	1	0	$A\overline{B}C\overline{D}$	m_{10}
B(11)	1	0	1	1	$A\overline{B}CD$	m_{11}
C(12)	1	1	0	0	$AB\overline{C}\,\overline{D}$	m_{12}
D(13)	1	1	0	1	$AB\overline{C}D$	m_{13}
E(14)	1	1	1	0	$ABC\overline{D}$	m_{14}
F(15)	1	1	1	1	$ABCD$	m_{15}

CD \ AB	00	01	11	10
00	$\overline{A}\,\overline{B}\,\overline{C}\,\overline{D}$	$\overline{A}\,\overline{B}\,\overline{C}D$	$\overline{A}\,\overline{B}CD$	$\overline{A}\,\overline{B}C\overline{D}$
01	$\overline{A}B\overline{C}\,\overline{D}$	$\overline{A}B\overline{C}D$	$\overline{A}BCD$	$\overline{A}BC\overline{D}$
11	$AB\overline{C}\,\overline{D}$	$AB\overline{C}D$	$ABCD$	$ABC\overline{D}$
10	$A\overline{B}\,\overline{C}\,\overline{D}$	$A\overline{B}\,\overline{C}D$	$A\overline{B}CD$	$A\overline{B}C\overline{D}$

(최소 항 표시 방법)

CD \ AB	$\overline{C}\,\overline{D}$	$\overline{C}D$	CD	$C\overline{D}$
$\overline{A}\,\overline{B}$	m_0	m_1	m_3	m_2
$\overline{A}B$	m_4	m_5	m_7	m_6
AB	m_{12}	m_{13}	m_{15}	m_{14}
$A\overline{B}$	m_8	m_9	m_{11}	m_{10}

(최소 항 기호 방법)

변수 계산법 : $2^4 = 16$칸 셀 (셀−사각형)

4변수 논리식의 간략화

$Y = \overline{A}\,\overline{B}\,\overline{C}\,\overline{D} + \overline{A}\,\overline{B}\,C\,\overline{D} + \overline{A}\,B\,\overline{C}\,\overline{D} + A\,B\,\overline{C}\,\overline{D}\ \ \overline{A}\,BC\,\overline{D} + \overline{A}\,BCD + ABCD$를 간략화하시오.

십진수	입력				최소 항		
(16진)	A	B	C	D	항 표시	항 기호	출력
0	0	0	0	0	$\overline{A}\,\overline{B}\,\overline{C}\,\overline{D}$	m_0	1
1	0	0	0	1	$\overline{A}\,\overline{B}\,\overline{C}\,D$	m_1	0
2	0	0	1	0	$\overline{A}\,\overline{B}\,C\,\overline{D}$	m_2	0
3	0	0	1	1	$\overline{A}\,\overline{B}\,CD$	m_3	0
4	0	1	0	0	$\overline{A}\,B\,\overline{C}\,\overline{D}$	m_4	1
5	0	1	0	1	$\overline{A}\,B\,\overline{C}\,D$	m_5	0
6	0	1	1	0	$\overline{A}\,BC\,\overline{D}$	m_6	1
7	0	1	1	1	$\overline{A}\,BCD$	m_7	1
8	1	0	0	0	$A\,\overline{B}\,\overline{C}\,\overline{D}$	m_8	1
9	1	0	0	1	$A\,\overline{B}\,\overline{C}\,D$	m_9	0
A(10)	1	0	1	0	$A\,\overline{B}\,C\,\overline{D}$	m_{10}	0
B(11)	1	0	1	1	$A\,\overline{B}\,CD$	m_{11}	0
C(12)	1	1	0	0	$AB\,\overline{C}\,\overline{D}$	m_{12}	1
D(13)	1	1	0	1	$AB\,\overline{C}\,D$	m_{13}	0
E(14)	1	1	1	0	$ABC\,\overline{D}$	m_{14}	0
F(15)	1	1	1	1	$ABCD$	m_{15}	1

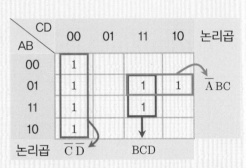

$\therefore\ Y = \overline{C}\,\overline{D} + BCD + \overline{A}\,BC$ (카르노도 해석)

$= \overline{C}\,\overline{D} + BC(\overline{A} + D)$ (결합 법칙 적용)

※ 카르노도 외부의 논리곱 항을 순서에 맞게 논리합으로 정리함

2-6 논리 회로도 작성

(1) 논리 회로도 작성 절차

지금부터는 조합 논리 회로 및 순서 논리 회로를 작성하게 된다. 그리고 우리가 필요로 하는 디지털 논리 회로를 응용한 시스템들을 제작하게 된다. 이를 위해서 논리 회로도를 작성하기 위한 절차를 알아보도록 하자.

논리 회로도 작성 절차

STEP 1. **시스템 조건 분석** : 논리 시스템의 입·출력 조건을 분석하여 입력값과 출력값을 분석한다.

STEP 2. **입·출력 변수 정의** : 입·출력 조건 및 입·출력값에 따라 변수를 정의한다.

STEP 3. **진리표 작성** : 입력 조건과 출력 조건에 맞는 진리표를 작성한다.

STEP 4. **논리식 간소화** : 불 대수의 기본 공리 및 카르노도를 이용하여 논리식을 정의하여 결정한다.

STEP 5. **논리 회로도 작성** : 정의된 논리식에 따라 논리 회로를 작성한다.

STEP 6. **실제 제품 설계 및 작성** : 필요한 부품, IC 등을 조사하여 회로도를 작성하여 정상적으로 요구된 데이터가 나오는지 제작해 본다.

STEP 1. 시스템 조건 분석

- $n \times m$ 해독기 : n개의 입력과 m개의 출력
- 입력이 2개, 출력이 4개

STEP 2. 입·출력 변수 정의

- 입력 : A 및 B
- 출력 : D_1, D_2, D_3, D_4(입력 2개 : 출력＝입력^{2}에 따라 정의)

STEP 3. 진리표 작성

십진수	입력		최소 항		최소 항			
	A	B	최소 항	항 기호	출력(Y)			
					D1	D2	D3	D5
0	0	0	$\overline{A}\,\overline{B}$	D_0	1	0	0	0
1	0	1	$\overline{A}B$	D_1	0	1	0	0
2	1	0	$A\overline{B}$	D_2	0	0	1	0
3	1	1	AB	D_3	0	0	0	1

STEP 4. 논리식 간소화

A＼B	0	1
0	D_0	D_1
1	D_2	D_3

카르노도에서 4개의 출력을 하나의 카르노도에 나타낸 것이다. 즉, 각 출력 변수는 배타적으로 동작하므로, D_0, D_1, D_2, D_3는 오직 한 번씩만 1의 값을 가질 수 있다.

1값을 가지는 출력을 입력에 현재 제공된 2진수와 등가인 최소 항을 나타낸다.
따라서, 위의 카르노도로부터 각 출력의 불 대수를 구해 보면 다음과 같다.

$$D_0 = \overline{A}\,\overline{B}$$
$$D_1 = \overline{A}\,B$$
$$D_2 = A\,\overline{B}$$
$$D_3 = AB$$

STEP 5. 논리 회로도 작성

① 위 단계에서의 불 대수를 보면 대수식으로부터 입력이 A 및 B이고,

② 입력을 부정하는 부정 게이트의 IC가 필요한데, 보통 14핀 IC의 경우에는 부정 게이트가 6개 들어가 있다.

　※ 본 교재의 기본 게이트에서 74LS04(NOT 게이트) 참고

③ AND 게이트가 4개 필요한데, 14핀 IC의 경우에는 AND 게이트가 4개 들어가 있으므로 1개가 필요하다.

　※ 본 교재의 기본 게이트에서 74LS08(2입력)(AND 게이트) 참고

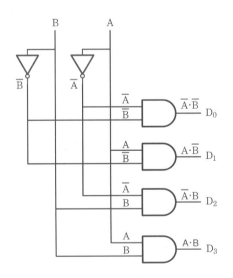

2×4 해독기(디코더) 회로

STEP 6. 실제 제품 설계와 작성 및 주의 사항

① 실제로 회로를 작성할 경우에는 입력측은 ON/OFF 스위치로 설계하면 된다.

② IC의 V_{cc}(+ 전압)와 GND(- 전압) 처리를 반드시 하여야 한다.

③ 출력은 적절하게 LED 회로로 구성하면 무난하다.

(2) 논리 회로도 작성

해독기(디코더) 작성

① 해독기(디코더)의 원리

　해독기는 2진수를 10진수로 변환하는 조합 논리 회로인데, 입력에 따라 1×2, 2×4, 3×8로 표현한다.

② n 비트의 2진수를 입력하여 최대 2^n 비트로 구성된 정보를 출력한다.

③ 해독기는 n개의 입력으로부터 코드화된 2진 정보를 최대 2^n개의 고유 출력으로 만들어주는 조합 논리 회로로서 n비트의 정보 중에서 사용되지 않거나 무정의 조건이 있으면 출력 수는 2^n보다 적게 된다.

④ n×m 해독기란 n개의 입력과 m개의 출력을 가지는 해독기이다.

⑤ 2(입력)×4(출력) 해독기(디코더)를 설계해 본다.

>>> 디지털 논리 회로 실습 과제

❖ 실습 1

작품명				디코더 회로		
실습 목표	디코더 회로를 제작하고 원리를 설명할 수 있다.					
작업 부품	명칭	규격	수량	명칭	규격	수량
	IC	74LS04	1	LED	적색 5ϕ	4
	IC	74LS08	1	저항	330Ω	4
	IC 소켓	14핀	2	저항	$4.7k\Omega$	2
	다이오드	1N4001	2	업/다운 SW	3P	2
작업 기기	명칭	규격	수량	명칭	규격	수량
	직류 전원 장치	1A, 0~30V	1	브레드 보드	일반형	1
	회로 시험기	VOM	1			
작업 회로						
작업용 기판						

작업 요구 사항	1. 2×4 해독기(디코더) 회로를 만능 기판(브레드 보드)을 이용하여 구성하시오. 2. 스위치의 상태에 따라 LED1, LED2, LED3, LED4의 점등 상태를 확인하고 진리표를 완성하시오.						

십진수	입력		최소 항			
	SW-A	SW-B	출력(Y)			
			LED1	LED2	LED3	LED4
0	OFF	OFF				
1	OFF	ON				
2	ON	OFF				
3	ON	ON				

※ 1. 출력(Y)에 설치된 점등 상태 LED 위치에는 "1", 소등 상태 LED 위치에는 "0"을 표시하시오.
　 2. 회로가 정상적으로 동작하지 않으면 회로를 수정하여 정상 동작시키시오.

평가

• 작품과 실습 지시서를 반드시 제출하고 점검받기 바랍니다.

구분	평가 요소	평가 결과			득점	
		상	중	하		
회로도 이해	• 회로를 정상적으로 동작시켰는가?	40	32	24		
	• 회로 제작에 관한 완성도 및 순위는?	30	24	18		
요구 사항	• 요구 사항에 적절하게 응답하였는가?	20	16	12		
작업 안전 수칙	• 실습실 안전 수칙을 잘 준수하였는가?	5	4	3		
	• 마무리 정리 정돈을 잘 하였는가?	5	4	3		
	※ 지적 항목에 따라 0점 처리할 수 있음					

마무리

1. 결과물을 제출한다.
2. 실습 장소를 깨끗이 정리 정돈하고 청소를 실시한다.
3. 위험 요소가 없는지 확인한다.

비고

❖ 실습 2

작품명	OR 논리 회로

실습 목표	OR 논리 회로를 제작하고 원리를 설명할 수 있다.					
작업 부품	명칭	규격	수량	명칭	규격	수량
	IC	74LS32	1	LED	적색/녹색, 5ϕ	각 1
	IC 소켓	14핀	1	저항(R3, R6, R7)	1 kΩ	3
	스위치	PB-SW(1P2T)	3	저항(R1, R4)	330Ω	2
	트랜지스터	2SC1815	2	저항(R2, R5)	220Ω	2
작업 기기	명칭	규격	수량	명칭	규격	수량
	직류 전원 장치	1A, 0~30V	1	디지털 트레이너		1
	회로 시험기	VOM	1	브레드 보드		1

작업 회로

※ 다음 빈칸을 완성하시오.

작업 요구 사항
① 진리표

동작 진리표

입력			출력	
A (SW1)	B (SW2)	C (SW3)	LED1(A+B)	LED2(A+B+C)
0	0	0		
0	0	1		
0	1	0		
0	1	1		
1	0	0		
1	0	1		
1	1	0		
1	1	1		

동작 설명

① LED1 동작
LED1은 U1A의 3번 출력에서 A＋B의 신호에 의해 여기에 연결된 TR이 ON되어 점등

② LED2 동작
LED2는 U1D의 11번 출력에서 A＋B＋C의 신호에 의해 여기에 연결된 TR이 ON되어 점등

• 실습 순서
  • 위 회로를 지시에 따라 기판 및 브레드 보드에 제작하시오.
  • 회로가 정상적으로 동작하지 않으면 회로를 수정하여 정상 동작시키시오.
  • 위의 빈 칸을 완성하시오. (점등(ON) : 1, 소등(OFF) : 0으로 기재)

② 회로 동작 설명	※ 위의 진리표와 회로 동작을 설명하시오. • 진리표 설명 • 회로 동작 설명

• 회로 설명

이 회로는 SW로 이루어진 입력 신호 SW ON 시 H("1"), SW OFF 시 L("0")에 의해서 G1, G2의 SN7432(2입력)(OR gate)가 논리합(OR) 연산을 하여 출력을 내보내면 LED 구동 드라이브 TR인 TR1, TR2의 ON/OFF에 따라 LED1과 LED2가 점등 또는 소등된다.

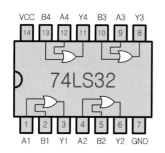

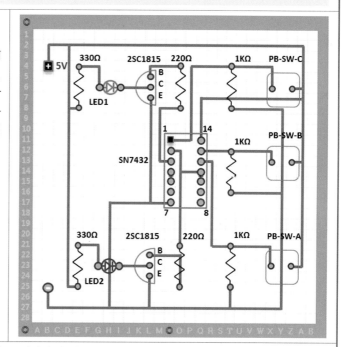

		평가		
	• 작품과 실습 지시서를 반드시 제출하고 점검받기 바랍니다.			

구분	평가 요소	평가 결과			득점
		상	중	하	
회로도 이해	• 회로를 정상적으로 동작시켰는가?	30	24	18	
	• 회로 제작에 관한 완성도 및 순위는?	20	16	12	
요구 사항	• 진리표를 적절하게 작성하였는가?	20	16	12	
	• 회로의 동작 설명이 적절한가?	20	16	12	
작업 안전 수칙	• 실습실 안전 수칙을 잘 준수하였는가?	5	4	3	
	• 마무리 정리 정돈을 잘 하였는가?	5	4	3	
	※ 지적 항목에 따라 0점 처리할 수 있음				

마무리	1. 결과물을 제출한다. 2. 실습 장소를 깨끗이 정리 정돈하고 청소를 실시한다. 3. 위험 요소가 없는지 확인한다.

❖ 실습 3

작품명	AND 논리 회로					

실습 목표	AND 논리 회로를 제작하고 원리를 설명할 수 있다.					
작업 부품	명칭	규격	수량	명칭	규격	수량
	IC	74LS08	1	LED	녹색, 5ϕ	1
	IC 소켓	14핀	1		황색, 5ϕ	1
	스위치	PB-SW(1P2T)	4	저항(R3, R6, R9, R10)	$1\,\mathrm{k}\Omega$	4
	트랜지스터	2SC1815	3	저항(R1, R4, R7)	$330\,\Omega$	3
	LED	적색, 5ϕ	1	저항(R2, R5, R8)	$220\,\Omega$	3

작업 회로

※ 다음 빈칸을 완성하시오.

작업 요구 사항 · ① 진리표

동작 진리표

입력				출력		
A (SW1)	B (SW2)	C (SW3)	D (SW4)	LED1 ($A\cdot B$)	LED2 ($A\cdot B\cdot C$)	LED3 ($A\cdot B\cdot C\cdot D$)
0	0	0	0			
0	0	0	1			
0	0	1	0			
0	0	1	1			
0	1	0	0			
0	1	0	1			
0	1	1	0			
0	1	1	1			
1	0	0	0			
1	0	0	1			
1	0	1	0			
1	0	1	1			
1	1	0	0			
1	1	0	1			
1	1	1	0			
1	1	1	1			

동작 설명

① LED1 동작

LED1은 U1D의 11번 출력에서 $A\cdot B\cdot C\cdot D$의 신호에 의해 여기에 연결된 TR이 ON되어 점등

② LED2 동작

LED2는 U1C의 8번 출력에서 $A\cdot B\cdot C$의 신호에 의해 여기에 연결된 TR이 ON되어 점등

③ LED3 동작

LED3은 U1B의 6번 출력에서 $C\cdot D$의 신호에 의해 여기에 연결된 TR이 ON되어 점등

실습 순서	● 실습 순서 ● 위 회로를 지시에 따라 기판 및 브레드 보드에 제작하시오. ● 회로가 정상적으로 동작하지 않으면 회로를 수정하여 정상 동작시키시오. ● 위의 빈 칸을 완성하시오. (점등(ON) : 1, 소등(OFF) : 0으로 기재)
② 회로 동작 설명	※ 회로 동작 설명(회로 동작 상태를 간단하게 기술하시오.)

● 회로 설명

이 회로는 SW로 이루어진 입력 신호 SW ON 시 H("1"), SW OFF 시 L("0")에 의해서 G1, G2의 SN7408(2입력)(AND gate)이 논리곱(AND) 연산을 하여 출력을 내보내면 TR1, TR2, TR3의 ON/OFF에 따라서 LED1, LED2, LED3가 점등 또는 소등된다.

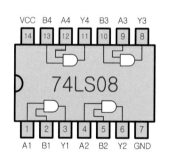

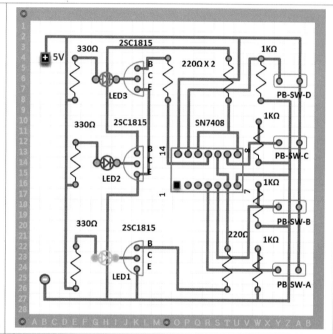

작업 기기	명칭	규격	수량	명칭	규격	수량
	직류 전원 장치	1A, 0~30V	1	디지털 트레이너		1
	회로 시험기	VOM	1	브레드 보드	일반형	1

● 작품과 실습 지시서를 반드시 제출하고 점검받기 바랍니다.

평가	구분	평가 요소	평가 결과			득점
			상	중	하	
	회로도 이해	● 회로를 정상적으로 동작시켰는가?	30	24	18	
		● 회로 제작에 관한 완성도 및 순위는?	20	16	12	
	요구 사항	● 진리표를 적절하게 작성하였는가?	20	16	12	
		● 회로의 동작 설명이 적절한가?	20	16	12	
	작업 안전 수칙	● 실습실 안전 수칙을 잘 준수하였는가?	5	4	3	
		● 마무리 정리 정돈을 잘 하였는가?	5	4	3	
		※ 지적 항목에 따라 0점 처리할 수 있음				

마무리	1. 결과물을 제출한다. 2. 실습 장소를 깨끗이 정리 정돈하고 청소를 실시한다. 3. 위험 요소가 없는지 확인한다.

❖ 실습 4

작품명			XOR 논리 회로			
실습 목표	XOR 논리 회로를 제작하고 원리를 설명할 수 있다.					
작업 부품	명칭	규격	수량	명칭	규격	수량
	IC	74LS86	1	LED	녹색, 5ϕ	1
	IC 소켓	14핀	1		황색, 5ϕ	1
	스위치	PB-SW(1P2T)	3	저항(R3, R6, R9)	$1\,\mathrm{k}\Omega$	3
	트랜지스터	2SC1815	3	저항(R1, R4, R7)	$330\,\Omega$	3
	LED	적색, 5ϕ	1	저항(R2, R5, R8)	$220\,\Omega$	3
작업 기기	명칭	규격	수량	명칭	규격	수량
	직류 전원 장치	1A, 0~30V	1	디지털 트레이너		1
	회로 시험기	VOM	1	브레드 보드	일반형	1

작업 회로

※ 다음 빈칸을 완성하시오.

동작 진리표

입력			출력		
A (SW1)	B (SW2)	C (SW3)	LED1 ($A \oplus B$)	LED2 ($(A \oplus B) \oplus C$)	LED3 ($B \oplus C$)
0	0	0			
0	0	1			
0	1	0			
0	1	1			
1	0	0			
1	0	1			
1	1	0			
1	1	1			

동작 설명

① LED1 동작
LED1은 SW 1 및 2의 동시 하이 신호에 의해 U1A의 3번 출력에 연결된 TR이 ON되어 점등

② LED2 동작
LED2는 SW 1, 2 및 3이 동시에 하이 상태, 즉 ON 시에 U1B의 6번 출력에 연결된 TR이 ON되어 점등

③ LED3 동작
LED3은 SW 2 및 3이 동시에 하이 상태, 즉 ON 시에 U1D의 11번 출력에 연결된 TR이 ON되어 점등

작업 요구 시항 · ① 진리표

실습 순서	• 실습 순서 • 위 회로를 지시에 따라 기판 및 브레드 보드에 제작하시오. • 회로가 정상적으로 동작하지 않으면 회로를 수정하여 정상 동작시키시오. • 위의 빈 칸을 완성하시오. (점등(ON) : 1, 소등(OFF) : 0으로 기재)
② 회로 동작 설명	※ 회로 동작 설명(회로 동작 상태를 간단하게 기술하시오.)

• 회로 설명

이 회로는 SW의 조작 SW ON 시 H("1"), SW OFF 시 L("0")에 의해서 G1, G2, G3의 SN7486(2입력)의 배타적 논리합(EX-OR) 연산 결과에 따라 TR1, TR2, TR3가 ON/OFF되어 LED가 점등 또는 소등된다.

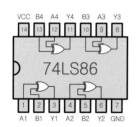

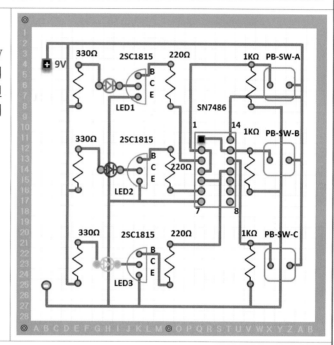

	• 작품과 실습 지시서를 반드시 제출하고 점검받기 바랍니다.				

구분	평가 요소	평가 결과			득점
		상	중	하	
회로도 이해	• 회로를 정상적으로 동작시켰는가?	30	24	18	
	• 회로 제작에 관한 완성도 및 순위는?	20	16	12	
요구 사항	• 진리표를 적절하게 작성하였는가?	20	16	12	
	• 회로의 동작 설명이 적절한가?	20	16	12	
작업 안전 수칙	• 실습실 안전 수칙을 잘 준수하였는가?	5	4	3	
	• 마무리 정리 정돈을 잘 하였는가?	5	4	3	
	※ 지적 항목에 따라 0점 처리할 수 있음				

평가

마무리	1. 결과물을 제출한다. 2. 실습 장소를 깨끗이 정리 정돈하고 청소를 실시한다. 3. 위험 요소가 없는지 확인한다.

3 ● 조합 논리 회로

조합 논리 회로는 과거의 입력 조합에 관계없이 현재의 입력 조합에 의해서만 출력이 직접 결정되는 논리 회로로, 주로 논리 게이트로 구성된다. 조합 논리 회로는 가산기, 감산기 등의 연산 회로, 코드 변환기, 비교기 외에 부호기, 해독기, 멀티플렉서, 디멀티플렉서 등이 있는데, 쉽게 조합 논리 회로를 설계할 수 있는 부분만을 다루도록 한다.

조합 논리 회로 설계 과정

1. 시스템을 분석하여 변수를 정의한다.
2. 정의된 변수에 따라 진리표를 작성한다.
3. 불 대수의 공리 및 카르노도 등을 이용하여 논리식을 간소화한다.
4. 간소화된 논리식에 따라 회로를 구성한다.

3-1   가산기

가산기는 2개의 2진수를 가산하는 조합 논리 회로이다. 2개의 수만 더하는 반가산기 (HA : Half Adder)와 2개의 수와 자리올림 수까지 가산하는 전가산기(FA : Full Adder)가 있다. 전가산기는 2개의 반가산기로 구성된다.

[1] 2개의 2진수를 덧셈하는 반가산기(2개 비트 덧셈 수행)

[2] 자리 올림 수도 포함하여 2개의 2진수를 덧셈하는 전가산기(3개 비트 덧셈 수행)

[3] n비트로 이루어진 2개의 2진수를 덧셈하는 n비트 가산 회로

(1) 반가산기

반가산기(HA : Half Adder)는 2진수에서의 가산 연산은 0 및 1을 가지고 연산을 하는데, 2진수 중에서 가산 연산, 즉 덧셈을 할 수 있는 조건은 0+0, 0+1, 1+0, 1+1과 같이 2개의 비트를 덧셈한다. 따라서 반가산기는 2개의 2진 입력과 2개의 출력으로 이루어져 있고, 2개의 비트를 덧셈하는 가산기이다.

① 시스템 조건 분석

다음은 2개의 입력 변수를 가산하는 연산 과정이다.

반가산기 진리표

입력		출력		연산 해석	
A	B	C(자리올림) (CARRY)	S(합) (SUM)	입력 (A+B)	S(합) 연산식
0	0	0	0	0+0=0	출력 신호 없음
0	1	0	1	0+1=1	$\overline{A}B$
1	0	0	1	1+0=1	$A\overline{B}$
1	1	①	0	1+1=0	자리올림 발생으로 출력 신호 없음

자리올림
연산식
$C=AB$

합 연산식
$S=\overline{A}B+A\overline{B}$
$=A\oplus B$

② 입·출력 변수 정의

위의 시스템 조건 분석에서 입력에 대한 정의는 A 및 B로 정의되었고, 출력에 대한 정의는 가산기이므로 출력을 합(S)으로 정의하였다. 이의 연산에 따라 자리올림(C : Carry)이 발생하여 자리올림에 대한 변수를 C로 정의한다.

③ 논리식의 간소화

카르노도에서 논리식의 간소화를 다룬 바와 같이 2변수 카르노도를 작성하고, 합(S)에 대한 카르노도, 자리올림(C)에 대한 카르노도를 작성하고 논리식을 간소화한다.

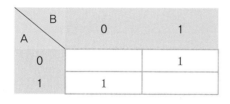

S(합) 카르노도

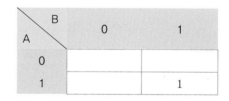

C(자리올림) 카르노도

$S=\overline{A}B+A\overline{B}=A\oplus B\,(\text{XOR 게이트})$

$C=AB\,(\text{AND 게이트})$

④ 논리 회로 설계

단계 3에서 유도된 논리식에 따라 논리 회로를 설계한다.

구 분	논리식	논리 회로	반가산기 회로도
S (SUM)	$S = \overline{A}B + A\overline{B}$ $= A \oplus B$ (XOR 게이트)	$S = \overline{A}B + A\overline{B}$ $= \begin{matrix} A \\ B \end{matrix}$ S	
C (Carry)	$C = AB$ (AND 게이트)	A B C	

본 가산기를 실제로 구성하고자 할 경우에는 TTL IC 74LS08(2입력) 또는 CMOS IC 4018(2입력)(AND 게이트), TTL IC 74LS86(2입력) 또는 CMOS IC 4030(2입력)(XOR 게이트)을 이용하여 회로를 설계하면 된다. 기타 상세한 회로는 본 조합 논리 회로 실습 과제로 수록한다.

(2) 전가산기

전가산기(FA : Full Adder)는 전에 생성된 자리올림수와 현재의 2비트를 덧셈하는 가산기인데, 자리올림을 고려하여 설계한 가산 회로가 전가산기이다. 전가산기는 2진수 2개의 입력 A 및 B를 자리올림수 $C(C_i : Input Carry)$(입력)를 고려하여 3개의 2진수를 가산하는 조합 논리 회로이다. 2진수 중에서 가산 연산, 즉 덧셈을 할 수 있는 조건은 $0+0+0$, $0+0+1$, $0+1+0$, $0+1+1$, $1+0+0$, $1+0+1$, $1+1+0$, $1+1+1$과 같이 3개의 비트를 덧셈한다. 따라서 전가산기는 3개의 2진 입력과 2개의 출력$(S : Sum, C_o : Out Carry)$으로 이루어져 있고 3개의 비트를 덧셈하는 가산기이다.

① 시스템 조건 분석

다음은 3개의 입력 변수(A, B, C_i)를 가산하는 연산 과정이다. 이에 따라서 출력(S, C_o)은 2개의 변수로 이루어진다. 다시 말하면, A 및 B 2개의 입력은 현재 가산할 현재 위치의 비트이고, C_i 변수는 바로 전 단계에서 가산할 때 발생한 자리올림수이다. 출력은 가산된 합인 S를 변수로 정의하고, 이때 발생된 자리올림수는 C_o로 정의하였다.

전가산기 진리표

입력			출력	S(합)	출력	
A	B	C_i	S(합) (SUM)	연산식	C_o (Out Carry)	C_o (Out Carry 연산식)
0	0	0	0	출력 신호 없음	0	출력 신호 없음
0	0	1	1	$\overline{A}\,\overline{B}C_i$	0	출력 신호 없음
0	1	0	1	$\overline{A}\,\overline{B}\,C_i$	0	출력 신호 없음
0	1	1	0	$\overline{A}BC_i$	1	$\overline{A}BC_i$
1	0	0	1	$A\overline{B}\,\overline{C_i}$	0	출력 신호 없음
1	0	1	0	출력 신호 없음	1	$A\overline{B}C_i$
1	1	0	0	출력 신호 없음	1	$AB\overline{C_i}$
1	1	1	1	ABC_i	1	ABC_i

② 입·출력 변수 정의

위의 시스템 조건 분석에서 입력에 대한 정의는 A, B, C_i(Input Carry)로 정의하고, 출력에 대한 정의는 가산기이므로 출력을 합(S)으로 정의하였다. 이의 연산에 따라 출력 자리올림 C_o(C_o : Out Carry)가 발생하여 자리올림에 대한 변수를 C_o로 정의한다.

③ 논리식의 간소화

카르노도에서 논리식의 간소화를 다음과 같이 2변수 카르노도를 작성하고, 합(S)에 대한 카르노도, 자리올림(C_i)에 대한 카르노도를 작성하고 논리식을 간소화한다.

A \ BC_i	00	01	11	10
0	0	1	0	1
1	1	0	1	0

S의 카르노도

A \ BC_i	00	01	11	10
0	0	0	1	0
1	0	1	1	1

C_o의 카르노도

S(합) 논리식

$$S = \overline{A}\,\overline{B}C_i + \overline{A}B\overline{C_i} + A\overline{B}\,\overline{C_i} + ABC_i$$

$$= (\overline{A}B + A\overline{B})\overline{C_i} + (\overline{A}\,\overline{B} + AB)C_i$$

$$= (A \oplus B)\overline{C_i} + (\overline{A \oplus B})C_i$$

$$= (A \oplus B) \oplus C_i$$

C_o(전가산기 자리올림) 논리식

$$C_o = \overline{A}BC_i + A\overline{B}\,C_i + AB\overline{C_i} + ABC_i$$

$$= (\overline{A}B + A\overline{B})C_i + AB(\overline{C_i} + C_i)$$

$$= (A \oplus B)C_i + AB$$

※ $\overline{C_i} + C_i = 1$(불대수의 기본 정리)

④ 논리 회로 설계

단계 3에서 유도된 논리식에 따라 논리 회로를 설계한다.

구분	논리식	전가산기 논리 회로
S (SUM)	$S = (A \oplus B) \oplus C_i$	
C_o (Out Carry)	$C_o = AB + (A \oplus B)C_i$	

본 전가산기를 실제로 구성하고자 할 경우에는 TTL IC 74LS08(2입력) 또는 CMOS IC 4081(2입력)(AND 게이트), TTL IC 74LS86(2입력) 또는 CMOS IC 4030(2입력)(XOR 게이트), TTL IC 74LS32(2입력) 또는 CMOS IC 4071(2입력)(OR 게이트)을 이용하여 회로를 설계하면 된다. 기타 상세한 회로는 본 조합 논리 회로 실습 과제로 수록한다. 여기에서, 전가산기는 2개의 반가산기로 구성되어 있음을 알 수 있다.

3-2 감산기

2진수의 감산을 수행하는 조합 논리 회로를 감산기(subtracter)라고 한다. 감산기는 2개의 2진수를 감산하는 것을 반감산기(HS : Half Subtracter)라 하고, 3개의 2진수를 감산하는 감산기를 전감산기라 하는데, 이 감산기는 2개의 2진수와 빌려온 수까지 감산하는 전감산기(FS : Full Subtracter)가 있다.

> [1] 2개의 2진수를 감산하는 반감산기

> [2] 빌림수도 포함하여 1비트로 이루어진 2진수를 감산하는 전감산기

> [3] n비트로 이루어진 2개의 2진수를 감산하는 감산 회로

(1) 반감산기

반감산기(HS : Half Subtracter)는 2진수에서의 감산 연산은 0 및 1을 가지고 연산을 하는데, 2진수 중에서 감산 연산, 즉 뺄셈을 할 수 있는 조건은 0-0, 0-1, 1-0, 1-1과 같이 2개의 비트를 감산한다. 따라서 반감산기는 2개의 2진 입력과 2개의 출력으로 이루어

져 있고, 2개의 비트를 빼는 감산기이다. 이때, 가산기와는 달리 감산기는 감산할 때 하위 자리에서 빌려 온 자리빌림수는 고려하지 않기 때문에 2개의 변수를 가진다. 출력 변수는 차(D : Difference)와 1을 빌려왔는지를 나타내는 자리빌림수(b : borrow)가 있다.

① 시스템 조건 분석

다음은 2개의 입력 변수를 감산하는 연산 과정이다.

반감산기 진리표

입력		출력		연산 해석	
A	B	b (빌림수) (borrow)	D (차) (Difference)	입력 (A+B)	D (차) 연산식
0	0	0	0	$0-0=0$	출력 신호 없음
0	1	1	1	$0-1=1$	$\overline{A}B$
1	0	0	1	$1-0=1$	$A\overline{B}$
1	1	0	0	$1-1=0$	출력 신호 없음
		↑	↑		
		빌림수 연산식 $b=\overline{A}B$	차(D) 연산식 $D=\overline{A}B+A\overline{B}$ $=A\oplus B$ (XOR 게이트)		

② 입·출력 변수 정의

위의 시스템 조건 분석에서 입력에 대한 정의는 A 및 B로 정의하는데, 감산을 할 때 하위 자리에 빌려 준 자리빌림수는 고려하지 않기 때문에 2개의 입력 변수로 정의하고, 출력은 차(D : Difference)와 감산을 할 경우에 위 자리에서 빌려오는 수가 있을 수 있기 때문에 자리빌림이 발생하는 빌림수(b : borrow)로 정의한다.

③ 논리식의 간소화

카르노도에서 논리식의 간소화를 다음과 같이 2변수 카르노도를 작성하고, 차(D)에 대한 카르노도, 자리빌림수(b)에 대한 카르노도를 작성하고 논리식을 간소화한다.

A\B	0	1
0	0	1
1	1	0

A\B	0	1
0	0	1
1	0	0

D(차) 카르노도   b(자리빌림) 카르노도

$D=\overline{A}B+A\overline{B}=A\oplus B$(XOR 게이트) $b=\overline{A}B$(NOT 게이트 및 AND 게이트)

④ 논리 회로 설계

단계 3에서 유도된 논리식에 따라 논리 회로를 설계한다.

구분	논리식	논리 회로	반감산기 회로도
D (차)	$D = \overline{A}B + A\overline{B}$ $= A \oplus B$		
b (빌림수)	$b = \overline{A}B$		

본 반감산기를 실제로 구성하고자 할 경우에는 TTL IC 73LS08(2입력) 또는 CMOS IC 4081(2입력)(AND 게이트), TTL IC 74LS04 또는 CMOS IC 4049(NOT 게이트), TTL IC 74LS86(2입력) 또는 CMOS IC 4030(2입력)(XOR 게이트)을 이용하여 회로를 설계하면 된다. 이와 관련된 상세한 회로는 본 조합 논리 회로 실습 과제로 수록한다.

(2) 전감산기

전감산기(FS : Full Subtracter)는 2진수에서의 감산 연산은 0 및 1을 가지고 연산을 하는데, 2진수 중에서 감산 연산, 즉 뺄셈을 할 수 있는 조건은 0-0, 0-1, 1-0, 1-1과 같이 2개의 비트를 감산한다. 따라서 전감산기는 1비트로 구성된 2개의 2진수와 1비트의 자리빌림수를 동시에 감산할 때 사용되는데, 바로 아랫단의 비트에 빌려준 1을 고려하여 두 비트의 감산을 수행하는 조합 논리 회로이다. 전감산기는 3개의 입력(A, B, B_i)으로 정의하는데, 여기에서 A는 피감수라 하여 감산을 당하는 수, B는 감수라 하여 감산하는 수, B_i(Input Borrow : 입력단에서 발생될 자리빌림수, 즉 피감수와 감수 사이에서 감산이 이루어질 수 없어 상위 비트에서 빌려오는 수)로 정의하고, 출력 변수는 차(D : Difference)와 1을 빌려왔는지를 나타내는 자리빌림수(b : borrow)로 정의한다.

① 시스템 조건 분석

전감산기는 다음과 같이 입력(A, B, Bi)와 출력은 D(차), b(빌림수)로 시스템 조건을 세우면 된다.

전감산기 진리표

입력			출력		출력	
A	B	B_i	D(차) (Difference)	D(차) 연산식	b (borrow)	b (borrow) (연산식)
0	0	0	0	출력 신호 없음	0	출력 신호 없음
0	0	1	1	$\overline{A}\,\overline{B}\,B_i$	1	$\overline{A}\,\overline{B}\,B_i$
0	1	0	1	$\overline{A}B\overline{B}_i$	1	$\overline{A}B\overline{B}_i$
0	1	1	0	출력 신호 없음	1	$\overline{A}BB_i$
1	0	0	1	$A\overline{B}\,\overline{B}_i$	0	출력 신호 없음
1	0	1	0	출력 신호 없음	0	출력 신호 없음
1	1	0	0	출력 신호 없음	0	출력 신호 없음
1	1	1	1	ABB_i	1	ABB_i

② 입·출력 변수 정의

위의 시스템 조건 분석에서 전감산기의 입력에 대한 정의는 A(피감수), B(감수) 및 감수와 구분하기 위해 B_i(Input Borrow : 자리빌림수)로 정의하고, 출력은 차(D : Difference)와 감산을 할 경우에 위 자리에서 빌려오는 수가 발생하기 때문에 빌림수(b : borrow)로 정의한다.

③ 논리식의 간소화

전감산기의 카르노도에서 논리식의 간소화를 다음과 같이 3변수 카르노도를 작성하고, 차(D)에 대한 카르노도, 자리빌림수(b)에 대한 카르노도를 작성하고 논리식을 간소화한다.

A\BB_i	00	01	11	10
0	0	1	0	1
1	1	0	1	0

D(차)의 카르노도

A\BB_i	00	01	11	10
0	0	1	1	1
1	0	0	0	1

b(자리빌림수)의 카르노도

D(차) 논리식

$$D = \overline{A}\,\overline{B}\,B_i + \overline{A}B\overline{B}_i + A\overline{B}\,\overline{B}_i + ABB_i$$
$$= (\overline{A}B + A\overline{B})\overline{B}_i + (\overline{A}\,\overline{B} + AB)B_i$$
$$= (A \oplus B)\overline{B}_i + (\overline{A \oplus B})B_i$$
$$= (A \oplus B) \oplus B_i$$

b(전감산기 자리빌림수) 논리식

$$b = \overline{A}\,\overline{B}\,B_i + \overline{A}B\overline{B}_i + \overline{A}BB_i + ABB_i$$
$$= (\overline{A}\,\overline{B} + AB)B_i + \overline{A}B(\overline{B}_i + B_i)$$
$$= (\overline{A}\,\overline{B} + AB)B_i + \overline{A}B$$
$$= \overline{(A \oplus B)}B_i + \overline{A}B$$

④ 논리 회로 설계

단계 3에서 유도된 논리식에 따라 논리 회로를 설계한다.

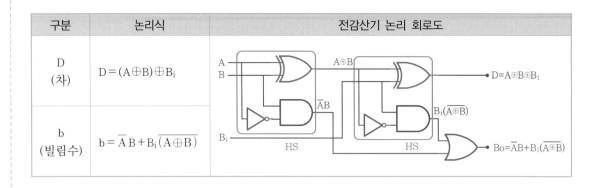

구분	논리식	전감산기 논리 회로도
D (차)	$D = (A \oplus B) \oplus B_i$	
b (빌림수)	$b = \overline{A}B + B_i\overline{(A \oplus B)}$	

전감산기를 실제로 구성하고자 할 경우에는 TTL IC 74LS08(2입력) 또는 CMOS IC 4081(2입력)(AND 게이트), TTL IC 74LS04 또는 CMOS IC 4049(NOT 게이트), TTL IC 74LS32(2입력) 또는 CMOS IC 4071(2입력)(OR 게이트), TTL IC 74LS86(2입력) 또는 CMOS IC 4030(2입력)(XOR 게이트)를 이용하여 회로를 설계하면 된다. 이와 관련된 상세한 회로는 본 조합 논리 회로 실습 과제로 수록한다.

3-3   발진 회로(NE555)

펄스를 발생하는 회로를 멀티바이브레이터(multivibrator)라고 한다. 멀티바이브레이터는 비안정 멀티바이브레이터, 단안정 멀티바이브레이터, 쌍안정 멀티바이브레이터가 있다.

타이머 IC NE555는 현장 실무에서 NE555 IC라고 하는데, 현장에서 가장 많이 사용되고 있는 펄스 발생 장치로 동작 전의 상태를 기억하는 기억 기능도 갖고 있으며, 간단하게 펄스 발생 회로를 구성할 수 있는 장점을 가지고 있다. NE555 IC는 비안정 및 단안정 멀티바이브레이터 회로에 사용된다. NE555 타이머 IC는 직사각형파를 생성할 때 가장 흔히 사용되는 IC이다. 여기에 몇 개의 저항과 커패시터를 추가하면 직사각형파를 출력하는 멀티바이브레이터를 간단하게 구성할 수 있다.

(1) NE555 IC 회로 구성 및 설명

NE555 IC는 최소 10ms에서 최장 1시간 이상의 폭을 가진 단일 펄스를 발생시킬 수 있는 트리거 회로나 기준 신호 발생기 등에 많이 활용된다.

타이머 IC인 NE555는 8핀으로 구성되어 있는데, 그림에서와 같이 3개의 동일한 값의 저항 R, 5kΩ에 의해 전원 전압이 나누어지므로 각각의 저항에는 $\frac{1}{3}$Vcc 만큼의 전압 강하가 발생한다. 이 전압들은 비교기에 공급되고 외부 전압(스레시 홀드나 트리거)과 비교하여 0 또는 1을 출력한다. 이 신호가 플립플롭의 R, S에 입력되고, 플립플롭의 출력 $\overline{Q}$에 따라 타이머 IC의 출력 전압도 0 또는 1의 상태를 유지하므로 직사각형파가 출력된다.

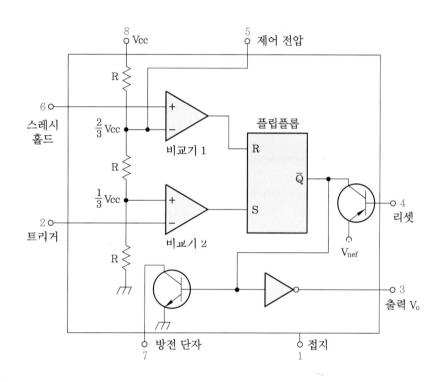

① 비교기 1의 기준 전압은

$$V_{비교기1} = \frac{1}{3}Vcc$$

② 비교기 2의 기준 전압은

$$V_{비교기2} = \frac{2}{3}Vcc$$

따라서, 비교기 1은 입력 전압이 $\frac{1}{3}$Vcc 보다 작을 때 RS 플립플롭을 리셋시키고, 비교기 2는 임계 입력 전압이 제어 전압을 초과할 때 RS 플립플롭을 세트시킨다. RS 플립플롭은 높은 전압 레벨이나 낮은 전압 레벨 중 어느 한 가지 상태를 나타내도록 하며, 입력 신호에 따라 변환된다.

(2) NE555 IC의 단자(핀) 설명

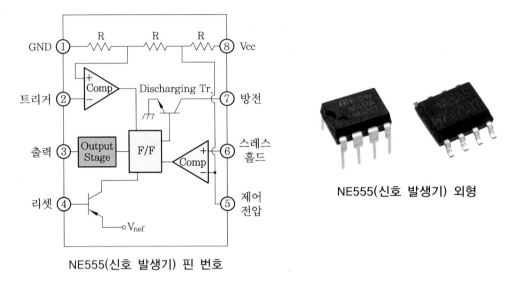

NE555(신호 발생기) 핀 번호

NE555(신호 발생기) 외형

① **전원(Vcc : + 전원 / 8번 단자) 및 접지(GND : − 전원 / 1번 단자)** : $+5V \sim 15V$ 범위의 직류 전원 사용 가능

② **트리거(trigger)** : 트리거 입력은 $\frac{1}{3}Vcc$의 기준 전압을 갖는 비교기 1과 임계 입력은 $\frac{2}{3}Vcc$의 기준 전압을 갖는 비교기 2와 비교되며, 각각 기준 전압을 유지하기 위해 전압 분배 회로가 내장되어 있고, 비교기 1과 비교기 2의 출력은 RS 플립플롭의 입력에 연결된다.

③ **출력(output)** : 출력 단자는 단자 번호 3이다.

④ **리셋(reset)** : 핀 번호 4번 단자로서 트리거 신호와 무관하게 NE555의 동작을 정지시키는 기능, 즉 리셋 기능을 가지며, RS 플립플롭의 초기값을 제어하는 데 사용된다. 리셋 단자를 사용하지 않을 때에는 $Vcc(+)$ 전원, 즉 8번 단자와 연결한다.

⑤ **제어 전압(control voltage)** : 임계 전압 레벨을 조정하는 기능을 가지며, 주파수 변조 시에 사용된다. 제어 전압 단자와 접지 사이에는 전원에서 유도되는 잡음이 임계 전압에 영향을 적게 주기 위해 마일러 콘덴서 $0.1 \sim 0.01 \mu F$를 사용한다.

⑥ **임계(threshold) 전압** : 임계 전압은 기준 전압보다 $\frac{2}{3}Vcc$ 이하에서는 출력이 High 상태이고, 기준 전압보다 $\frac{2}{3}Vcc$ 이상에서는 출력이 Low 상태로 된다.

⑦ **방전(discharge)** : 출력 단자의 상태에 따라 주변 회로에 접속되는 전해 콘덴서를 충·방전시키는 기능을 한다. 출력 단자가 낮은 Low 레벨일 때는 전해 콘덴서를 방전시키고, High 레벨일 때는 콘덴서를 방전시킨다.

⑧ **전원(Vcc)** : 전원 단자 8번은 Vcc(+)에 연결한다.

(3) NE555를 이용한 비안정 멀티바이브레이터 구성

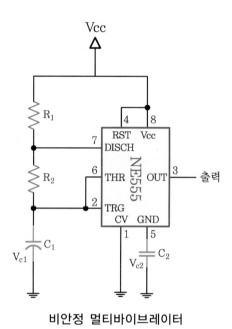

비안정 멀티바이브레이터

위 회로도에서 전해 콘덴서 C_1의 전압 V_{C1}이 $\frac{2}{3}$Vcc 이하일 때, 비교기 1의 반전 입력이 $\frac{1}{3}$Vcc 이하로 되고, 비교기 1의 출력은 H(High) 레벨이 되어 RS 플립플롭의 출력이 L 레벨로 된다.

이때의 **충전 시간 시상수(T_1)**는 다음 식과 같이 구할 수 있다.

$$T_1 \fallingdotseq 0.693 C_1 (R_1 + R_2) [\sec]$$

주파수 F_1은

$$F_1 = \frac{1}{T_1}$$

로 구할 수 있다.

전해 콘덴서 C_1은 전압 $V_{C1} = \frac{2}{3}$Vcc가 될 때까지 충전하여 비교기 2의 비반전 입력이

$\dfrac{2}{3}\mathrm{Vcc}$ 이상일 때, 비교기 2의 출력이 H(하이) 레벨이 되고 RS 플립플롭의 출력이 H 레벨이 된다. 이로 인해 전해 콘덴서 C_1이 R_2를 통해 방전되어 방전 시간 T_2는 다음과 같다.

$$T_2 \fallingdotseq 0.693 C_1 R_2 [\sec]$$

주파수 F2는

$$F_2 = \dfrac{1}{T_2}$$

C_1은 전압 $V_{C1} = \dfrac{1}{3}\mathrm{Vcc}$ 이하가 될 때까지 방전하여 비교기 1의 출력이 H(하이) 레벨이 되는 순간 RS 플립플롭의 출력이 L 레벨이 된다. 이러한 과정이 반복되어 발진 주기 T는 다음과 같다.

$$T = T_1 + T_2 \fallingdotseq 0.693 C_1 (R_1 + 2R_2) [\sec]$$

주파수 F는

$$F = F_1 + F_2 = \dfrac{1}{T} \fallingdotseq \dfrac{1.44}{C_1(R_1 + 2R_2)} [\mathrm{Hz}]$$

이다.

(4) NE555를 이용한 단안정 멀티바이브레이터 구성

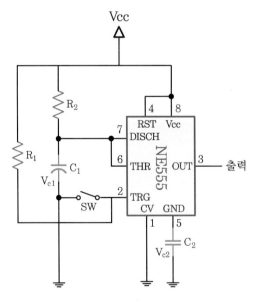

단안정 멀티바이브레이터

위 회로도는 일정한 펄스 폭을 발생시키는 펄스 발생 회로인데, 단안정 멀티바이브레이터 회로라고 부르고, 이 회로에서 스위치(SW)를 ON하면 트리거 입력이 $\frac{1}{3}$Vcc 이하가 된다. 비교기 1의 반전 입력이 비반전 입력 레벨 이하가 되어 비교기 1의 출력이 H 레벨이 되어 3번 단자의 출력이 H 레벨이 되고 전해 콘덴서 C_1은 계속해서 충전하게 된다.

스위치를 OFF시키면 트리거 입력이 H 레벨이 되고, 비교기 1의 출력이 L 레벨이 된다. 이때 RS 플립플롭은 이전 상태를 유지하여 L 레벨이 되고, 전해 콘덴서 C_1은 계속해서 충전하게 된다. V_{C1}이 비교기 2의 반전 입력 전압 $\frac{2}{3}$Vcc와 같아질 때 비교기 1의 출력이 L 레벨이 되고, V_{C1}이 비교기 2의 반전 입력 전압 $\frac{2}{3}$Vcc 이상 충전되면 비교기 2의 출력이 H 레벨이 된다.

$$T \fallingdotseq 1.1RC \ [\text{sec}]$$

주파수 F는

$$F = \frac{1}{T} = \frac{1}{1.1RC} \ [\text{Hz}]$$

이다.

(5) NE555를 이용한 쌍안정 멀티바이브레이터

쌍안정 멀티바이브레이터는 플립플롭(flip-flop)이라고도 하고, 신호가 들어오기 전까지의 상태를 기억하고 유지시켜 주는 회로이다. 플립플롭 회로는 "세트" 또는 "리셋" 2가지의 안정된 출력 상태를 가지는 기억 소자로서 순서 논리 회로에 해당한다고 볼 수 있다.

타이머 IC NE555 내부에는 RS 플립플롭이 내장되어 있다. RS 플립플롭의 세트 단자 S에 H(1) 레벨 입력을 가하면 출력 $\overline{Q}$는 L(0) 레벨이 되고, 리셋 단자 R에 H(1) 레벨 입력을 가하면 출력 $\overline{Q}$는 H(1) 레벨이 된다.

또한 세트 단자 S와 리셋 단자 R이 모두 L(0) 레벨인 경우는 플립플롭의 상태를 그대로 유지하며, 세트 단자 S와 리셋 단자 R이 모두 H 레벨인 경우는 출력 Q, $\overline{Q}$가 모두 같은 상태이므로 이와 같은 상태는 피해야 한다.

3-4   7-세그먼트(FND) 구동 회로

LED를 여러 개 조합하여 숫자나 문자 등의 정보를 표현하게 만든 것으로 7-segment 디스플레이와 도트 매트릭스(dot matrix) 디스플레이가 있다.

① 7-segment 디스플레이

7-segment는 가늘고 긴 모양의 발광 부분을 가진 LED 7개를 결합하여 8자형으로 배열한 것으로, 8자형의 각 LED를 선택하여 점멸시킴으로써 0~9까지 또는 이것을 2개로 구성하여 16진수의 경우 0~15까지 표시할 수 있는 소자이다.

전원 접속으로 구분하면 공통 애노드(CA : Common Anode)(양극 + : 507)와 공통 캐소드(CC : Common Cathode)(음극 − : 500) 타입이 있다.

다음 그림은 7-segment 디스플레이의 외형과 소자 구성 및 여러 종류의 내부 회로 접속을 나타낸 것이다.

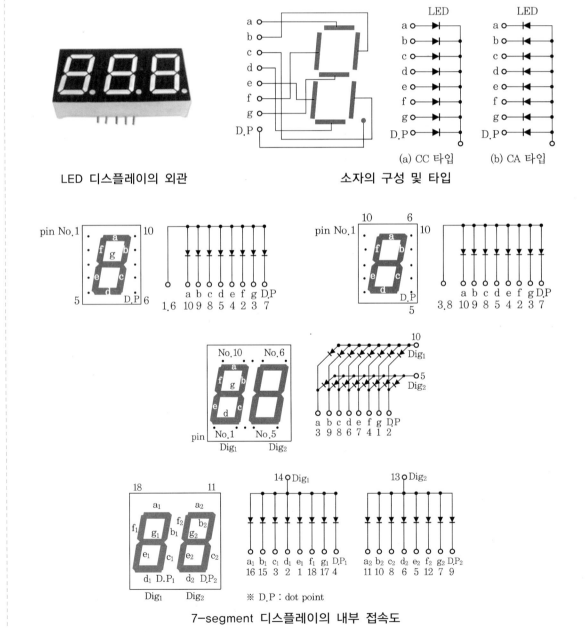

LED 디스플레이의 외관

소자의 구성 및 타입

(a) CC 타입   (b) CA 타입

※ D.P : dot point

7-segment 디스플레이의 내부 접속도

② 7-segment 디스플레이 표시법

7-segment LED를 사용하여 디스플레이 하려면 표시하는 원래의 숫자를 2진수로 바꿔 주는 디코더(decoder) 작용을 이용한다.

이렇게 2진수로 바뀐 신호를 다시 7-segment 디코더로 변환하여 표시하게 한다.

(1) 7-세그먼트 LED의 구조

7-세그먼트 LED는 7개의 작은 LED를 8자 모양으로 구성하여 숫자를 표시하기 위한 반도체 소자이다. 흔히 FND(Flexible Numeric Display : 가변 숫자 표시기)라고 부르며, 총 10개의 핀으로 구성되어 있다. 일반적으로 중앙에 위치한 상, 하 2개의 핀이 공통 단자이며 공통 캐소드형은 공통 단자(com)에 0V, 각 세그먼트 단자에 +5V를 가하고, 공통 애노드형은 공통 단자에 +5V, 세그먼트 단자에 0V를 가하여 사용한다. 만약 공통 캐소드형의 FND에 숫자 0을 표시하려면 공통 단자는 0V, 세그먼트 a~f 단자는 +5V, 각 세그먼트 g는 0V의 전압을 가해 주어야 하며, 각 세그먼트에는 200~300Ω 사이의 저항을 삽입하여 과전류로부터 LED를 보호한다.

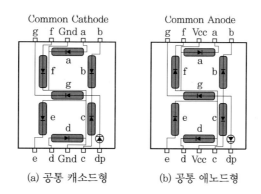

세그먼트 LED의 구조

(2) 시스템 분석 및 입·출력 변수 정의

설계하려는 FND 공동 회로는 4비트의 BCD 코드를 입력하면 이에 해당하는 0~9까지의 10진수를 표시해주는 회로이다. 그러므로 4개의 입력선과 7개의 출력선이 필요하다.

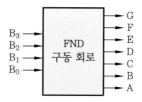

FND 구동 회로의 블록도

(3) 진리표 작성

FND 구동 회로가 BCD 입력 변수를 받아 해당하는 숫자를 출력하기 위한 가 7-세그먼트의 진리표는 다음 표와 같다.

FND 구동 회로 진리표

숫자	입력				출력							
	B_3	B_2	B_1	B_0	DP	G	F	E	D	C	B	A
0	0	0	0	0	0	0	1	1	1	1	1	1
1	0	0	0	1	0	0	0	0	0	1	1	0
2	0	0	1	0	0	1	0	1	1	0	1	1
3	0	0	1	1	0	1	0	0	1	1	1	1
4	0	1	0	0	0	1	1	0	0	1	1	0
5	0	1	0	1	0	1	1	0	1	1	0	1
6	0	1	1	0	0	1	1	1	1	1	0	1
7	0	1	1	1	0	0	0	0	0	1	1	1
8	1	0	0	0	0	1	1	1	1	1	1	1
9	1	0	0	1	0	1	1	0	0	1	1	1

(4) FND 구동 회로 실습

FND는 숫자를 표시하기 위한 부품으로 7-세그먼트 LED라고 부른다. 이것은 0~9까지의 숫자를 표시할 수 있도록 7개의 LED를 사용하여 구성되었으며, 각각의 신호 명칭은 a~g로 구분한다.

① **회로 설계** : 10진수를 FND에 표시하는 회로를 설계한다.

② **동작 설계**

　㈎ FND 구동 회로 블록도

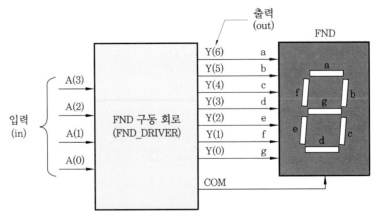

FND 구동 회로의 블록도

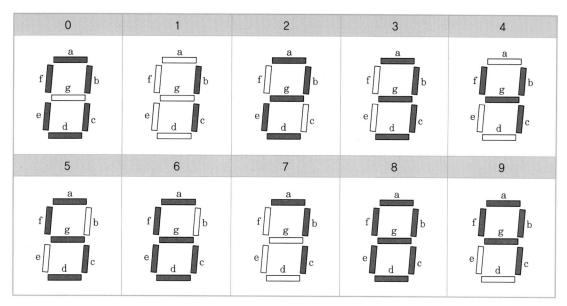

FND 표시 숫자

㈁ 진리표 작성 : FND 구동 회로의 입·출력 간의 진리표는 다음과 같다.

FND 구동 회로의 진리표

10진수	입력				출력							FND 표시 상태
	A(3)	A(2)	A(1)	A(0)	Y(6) a	Y(5) b	Y(4) c	Y(3) d	Y(2) e	Y(1) f	Y(0) g	
0	0	0	0	0	1	1	1	1	1	1	0	0
1	0	0	0	1	0	1	1	0	0	0	0	1
2	0	0	1	0	1	1	0	1	1	0	1	2
3	0	0	1	1	1	1	1	1	0	0	1	3
4	0	1	0	0	0	1	1	0	0	1	1	4
5	0	1	0	1	1	0	1	1	0	1	1	5
6	0	1	1	0	1	0	1	1	1	1	1	6
7	0	1	1	1	1	1	1	0	0	0	0	7
8	1	0	0	0	1	1	1	1	1	1	1	8
9	1	0	0	1	1	1	1	0	0	1	1	9

(5) FND 구동 원리

FND 구동 회로는 4비트의 BCD 데이터를 입력으로 받아서 7비트의 FND 구동 데이터로 변환하여 출력하는 회로이다. 실습에 사용되는 FND는 캐소드 공통형(CC : Common Cathode)의 FND이다. 캐소드 공통형 FND는 FND의 각 세그먼트의 구동 입력(a, b, c, d, e, f, g)이 '1'(H)이고 캐소드 공통 입력(COM 입력)이 '0'일 때 해당 세그먼트가 켜진다. 예를 들면 FND에 숫자 '1'(L)을 켜기 위해서는 다음 그림과 같이 b, c 세그먼트 입력에 '1'이 인가되고, COM 단자에 '0'이 인가되면 숫자 '1'이 FND에 표시된다.

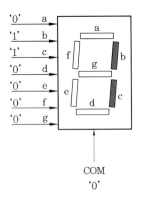
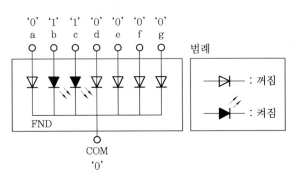

FND 동작 원리

>>> 조합 논리 회로 실습 과제

❖ 실습 1

작품명			반가산기 회로		
실습 목표	반가산기 회로를 제작하고 원리를 설명할 수 있다.				
작업 부품	명칭	규격	수량	명칭	규격	수량
	IC	74LS04	1	LED	적색/황색−5ϕ	각 1
	IC	74LS08	1	저항	330Ω	2
	IC	74LS86	1	저항	1kΩ	2
	IC 소켓	14핀	3	저항	10kΩ	2
	다이오드	1N4001	2	TR	2SC1815	2
	업/다운 SW	3P	2			
작업 기기	명칭	규격	수량	명칭	규격	수량
	직류 전원 장치	1A, 0~30V	1	브레드 보드	일반형	1
	회로 시험기	VOM	1	만능 기판	28×62 기판	1

작업 회로

작업용 기판	

| 작업
요구
사항 | 1. 반가산기 회로를 제작하시오.
2. 스위치의 상태에 따라 출력이 어떻게 변하는지 다음 진리표를 작성하시오. |

입력		출력	
		S 출력	C 출력
SW-A	SW-B	LED1=S	LED2=C
OFF	OFF		
OFF	ON		
ON	OFF		
ON	ON		

Q. 옆의 진리표를 간단히 설명하시오.

※ 1. 두 비트를 덧셈하는 가산기를 반가산기(Half Adder)라 하며, A와 B를 더한 경우 그 합계 S(Sum)와 자리올림 C(Carry)가 발생한다.
 2. 위의 진리표를 작성하시오. (LED가 점등 "1", 소등 상태 "0"으로 표시)
 3. 진리표가 가리키는 의미를 설명하시오.

평가	● 작품과 실습 지시서를 반드시 제출하고 점검받기 바랍니다.

구분	평가 요소	평가 결과			득점
		상	중	하	
회로도 이해	● 회로를 정상적으로 동작시켰는가?	40	32	24	
	● 회로 제작에 관한 완성도 및 순위는?	30	24	18	
요구사항	● 요구 사항에 적절하게 응답하였는가?	20	16	12	
작업 안전 수칙	● 실습실 안전 수칙을 잘 준수하였는가?	5	4	3	
	● 마무리 정리 정돈을 잘 하였는가?	5	4	3	
	※ 지적 항목에 따라 0점 처리할 수 있음				

마무리	1. 결과물을 제출한다. 2. 실습 장소를 깨끗이 정리 정돈하고 청소를 실시한다. 3. 위험 요소가 남아 있지 않은지 최종적으로 확인한다.

❖ 실습 2

작품명			전가산기 회로		
실습 목표	전가산기 회로를 제작하고 원리를 설명할 수 있다.				
작업 부품	명칭	규격	수량	명칭	규격	수량
	IC	74LS86	1	LED	적색/황색−5ϕ	각 1
	IC	74LS08	1	저항	330Ω/10kΩ	각 2
	IC	74LS32	1	저항	4.7kΩ	3
	IC 소켓	14핀	3	TR	2SC1815	2
	다이오드	1N4001	2	업/다운 SW	3P	3
작업 기기	명칭	규격	수량	명칭	규격	수량
	직류 전원 장치	1A, 0~30V	1	브레드 보드	일반형	1
	회로 시험기	VOM	1	만능 기판	28×62 기판	1

작업 회로

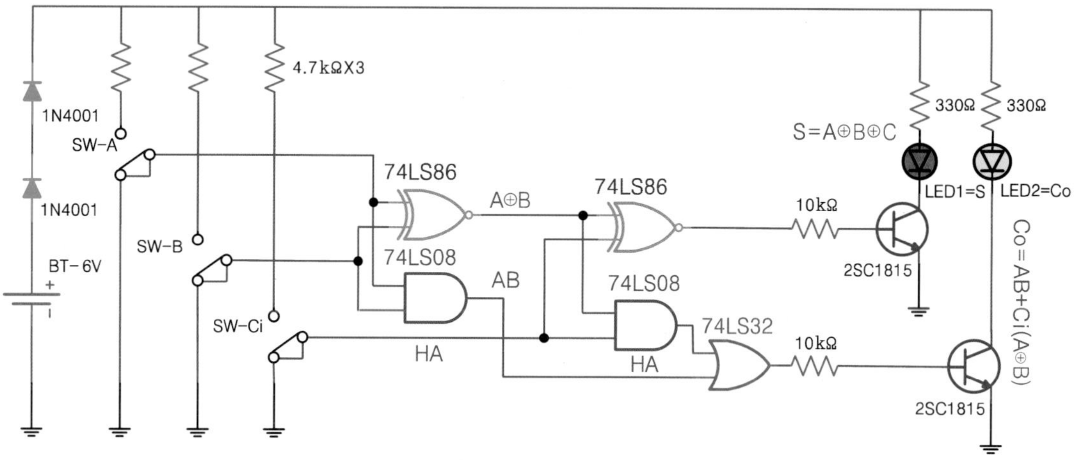

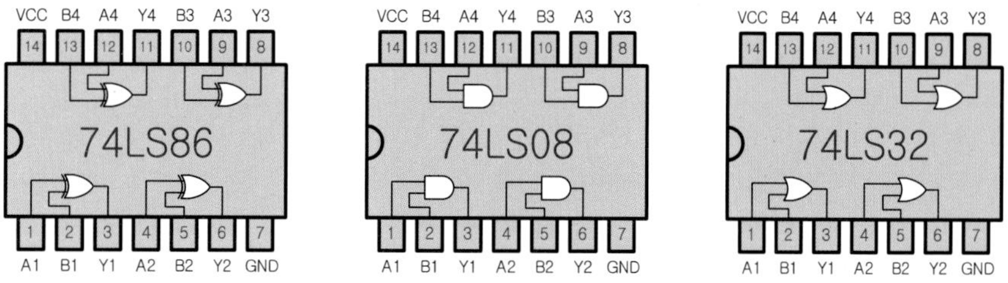

S=A⊕B⊕C

Co=AB+Ci(A⊕B)

작업용 기판	

작업 요구 사항	1. 전가산기 회로를 제작하시오. 2. 스위치의 상태에 따라 출력이 어떻게 변하는지 다음 진리표를 작성하시오.

입력			출력	
A	B	C_i	S(합) (SUM)	C_o(자리올림수) (Out Carry)
0	0	0		
0	0	1		
0	1	0		
0	1	1		
1	0	0		
1	0	1		
1	1	0		
1	1	1		

Q. 옆의 진리표를 간단히 설명하시오.

※ 1. 3비트를 덧셈하는 가산기를 전가산기(Full Adder)라 하며, A와 B 및 C_i를 더한 경우 그 합계 S(Sum)와 자리올림 C_o(Carry)이 발생한다.
2. 위의 진리표를 작성하시오. (LED가 점등 "1", 소등 상태 "0"으로 표시)
3. 진리표가 가리키는 의미를 설명하시오.

평가	• 작품과 실습 지시서를 반드시 제출하고 점검받기 바랍니다.

구분	평가 요소	평가 결과			득점	
		상	중	하		
회로도 이해	• 회로를 정상적으로 동작시켰는가?	40	32	24		
	• 회로 제작에 관한 완성도 및 순위는?	30	24	18		
요구사항	• 요구 사항에 적절하게 응답하였는가?	20	16	12		
작업 안전 수칙	• 실습실 안전 수칙을 잘 준수하였는가?	5	4	3		
	• 마무리 정리 정돈을 잘 하였는가?	5	4	3		
	※ 지적 항목에 따라 0점 처리할 수 있음					

마무리	1. 결과물을 제출한다. 2. 실습 장소를 깨끗이 정리 정돈하고 청소를 실시한다. 3. 위험 요소가 남아 있지 않은지 최종적으로 확인한다.

❖ 실습 3

작품명			반감산기 회로		
실습 목표	반감산기를 제작하고 원리를 설명할 수 있다.				
작업 부품	명칭	규격	수량	명칭	규격	수량
	IC	74LS04	1	LED	적색/황색-5ϕ	각 1
	IC	74LS08	1	저항	330Ω	2
	IC	74LS32	1	저항	1kΩ/10kΩ	각 2
	IC 소켓	14핀	3	TR	2SC1815	2
	다이오드	1N4001	2	업/다운 SW	3P	2
작업 기기	명칭	규격	수량	명칭	규격	수량
	직류 전원 장치	1A, 0~30V	1	브레드 보드		1
	회로 시험기	VOM	1	만능 기판	28×62 기판	1

작업 회로

작업용 기판	

작업 요구 사항 · ① 진리표	1. 반감산기 회로를 제작하시오. 2. 스위치의 상태에 따라 출력이 어떻게 변하는지 다음 진리표를 작성하시오.

	입력		출력		Q. 옆의 진리표를 간단히 설명하시오.
	A	B	b(빌림수) (borrow)	D(차) (Difference)	
	0	0			
	0	1			
	1	0			
	1	1			

※ 1. 두 비트를 감산하는 감산기를 반감산기(Half Subtracter)라 하며, A와 B를 감산하는 경우, 그 차
   D(Difference)와 자리빌림 b(borrow)가 발생한다.
   2. 위의 진리표를 작성하시오. (LED가 점등 "1", 소등 상태 "0"으로 표시)

② 회로 동작 설명	※ 위의 진리표를 보고 회로 동작을 설명하시오.

구분	평가 요소	평가 결과 상	평가 결과 중	평가 결과 하	득점
회로도 이해	• 정상적으로 동작시켰는가?	30	24	18	
	• 회로 제작에 관한 완성도 및 순위는?	20	16	12	
작품 평가	• 부품 배치 상태는 적절한가?	10	8	6	
	• 배선 및 결선이 적절한가?	10	8	6	
요구 사항	• 진리표를 적절하게 설명하였는가?	10	8	6	
회로 설명	• 회로 동작을 적절하게 설명하였는가?	10	8	6	
작업 안전 수칙	• 실습실 안전 수칙을 잘 준수하였는가?	5	4	3	
	• 마무리 정리 정돈을 잘 하였는가?	5	4	3	
	※ 지적 항목에 따라 0점 처리할 수 있음				

평가

• 작품과 실습 지시서를 반드시 제출하고 점검받기 바랍니다.

마무리

1. 결과물을 제출한다.
2. 실습 장소를 깨끗이 정리 정돈하고 청소를 실시한다.
3. 위험 요소가 남아 있지 않은지 최종적으로 확인한다.

비고

❖ 실습 4

작품명			전감산기 회로		
실습 목표	전감산기를 제작하고 원리를 설명할 수 있다.				
작업 부품	명칭	규격	수량	명칭	규격	수량
	IC	74LS04	1	LED	적색/황색−5ϕ	각 1
	IC	74LS08	1	저항	330Ω	2
	IC	74LS86/32	각 1	저항	4.7kΩ	3
	IC 소켓	14핀	4	저항	10kΩ	2
	다이오드	1N4001	2	TR	2SC1815	2
	업/다운 SW	3P	3			
작업 기기	명칭	규격	수량	명칭	규격	수량
	직류 전원 장치	1A, 0~30V	1	브레드 보드		1
	회로 시험기	VOM	1	만능 기판	28×62 기판	1

작업
회로

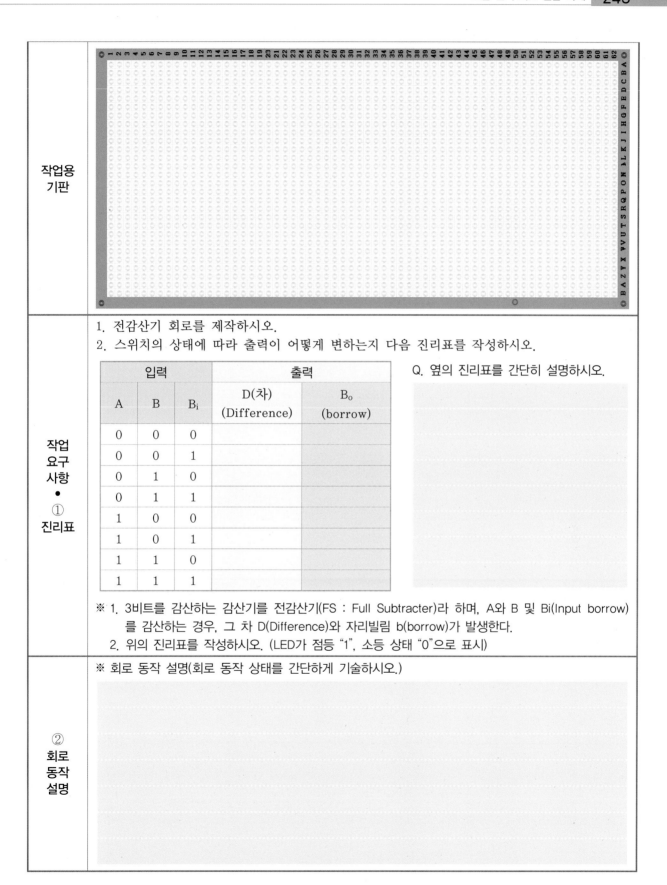

작업용 기판	

작업 요구 사항
①
진리표

1. 전감산기 회로를 제작하시오.
2. 스위치의 상태에 따라 출력이 어떻게 변하는지 다음 진리표를 작성하시오.

입력			출력	
A	B	B_i	D(차) (Difference)	B_o (borrow)
0	0	0		
0	0	1		
0	1	0		
0	1	1		
1	0	0		
1	0	1		
1	1	0		
1	1	1		

Q. 옆의 진리표를 간단히 설명하시오.

※ 1. 3비트를 감산하는 감산기를 전감산기(FS : Full Subtracter)라 하며, A와 B 및 Bi(Input borrow)를 감산하는 경우, 그 차 D(Difference)와 자리빌림 b(borrow)가 발생한다.
2. 위의 진리표를 작성하시오. (LED가 점등 "1", 소등 상태 "0"으로 표시)

②
회로 동작 설명

※ 회로 동작 설명(회로 동작 상태를 간단하게 기술하시오.)

| 평가 | • 작품과 실습 지시서를 반드시 제출하고 점검받기 바랍니다. |

구분	평가 요소	평가 결과			득점
		상	중	하	
회로도 이해	• 정상적으로 동작시켰는가?	30	24	18	
	• 회로 제작에 관한 완성도 및 순위는?	20	16	12	
작품 평가	• 부품 배치 상태는 적절한가?	10	8	6	
	• 배선 및 결선이 적절한가?	10	8	6	
요구 사항	• 진리표를 적절하게 설명하였는가?	10	8	6	
회로 설명	• 회로 동작을 적절하게 설명하였는가?	10	8	6	
작업 안전 수칙	• 실습실 안전 수칙을 잘 준수하였는가?	5	4	3	
	• 마무리 정리 정돈을 잘 하였는가?	5	4	3	
	※ 지적 항목에 따라 0점 처리할 수 있음				

마무리

1. 결과물을 제출한다.
2. 실습 장소를 깨끗이 정리 정돈하고 청소를 실시한다.
3. 위험 요소가 남아 있지 않은지 최종적으로 확인한다.

비고

❖ 실습 5

작품명			NE555 발진 회로		
실습 목표	발진 회로를 제작하고 원리를 설명할 수 있다.				
작업 부품	명칭	규격	수량	명칭	규격	수량
	IC	NE555	1	저항	330Ω	1
	IC 소켓	8핀	1	저항	100kΩ	1
	다이오드	1N4001	2	저항	47kΩ	1
	LED	녹색-5φ	1	전해 콘덴서	1μF	1
작업 기기	명칭	규격	수량	명칭	규격	수량
	직류 전원 장치	1A, 0~30V	1	브레드 보드	일반형	1
	회로 시험기	VOM	1	만능 기판	28×62 기판	1

작업 회로

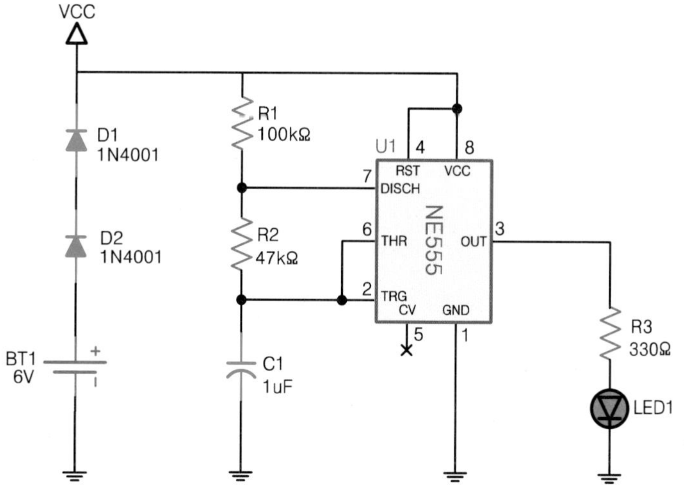

작업용 기판

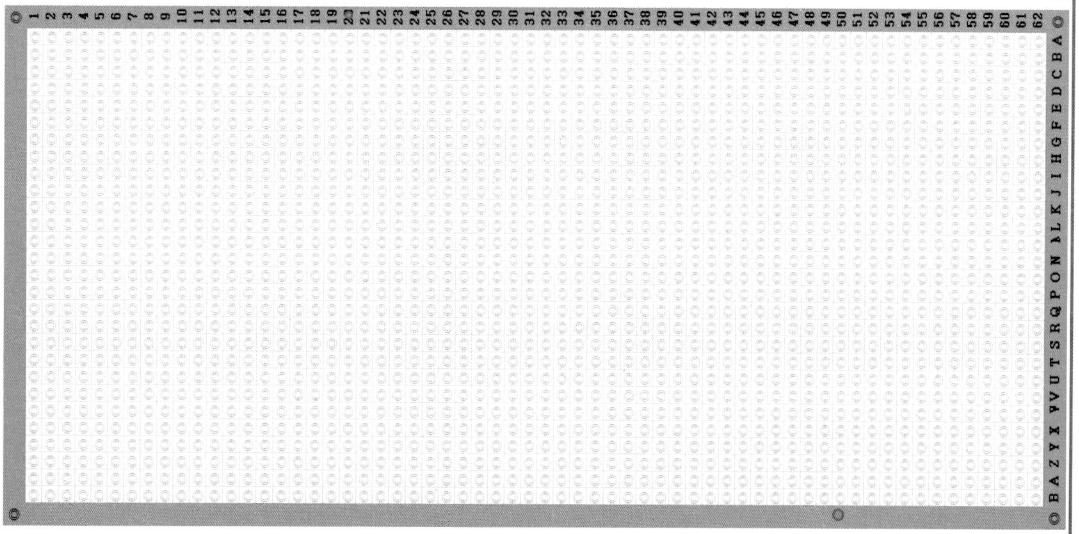

작업 요구 사항 · ① OS 응답	1. 발진 회로를 제작하시오. 2. 타이머 IC NE555의 3번 단자의 파형을 측정한 다음, 오실로스코프 화면에 도시하시오. 3. 오실로스코프로 파형을 측정한 다음, 오실로스코프 화면에 파형을 도시하고, 요구 사항에 답하시오. 4. 발진 주파수를 계산하여 측정한 파형과 비교한 결과를 논술하시오. 1. Volt/Div : _____ [V] 2. Time/Div : _____ [μs] 3. f = _____ [Hz]
② 회로 동작 설명	※ 회로 동작 설명(회로 동작 상태를 간단하게 기술하시오.)

• 작품과 실습 지시서를 반드시 제출하고 점검받기 바랍니다.

구분	평가 요소	평가 결과			득점	
		상	중	하		
회로도 이해	• 회로를 정상적으로 동작시켰는가?	30	24	18		
	• 회로 제작에 관한 완성도 및 순위는?	20	16	12		
측정	• 오실로스코프의 요구 사항은 정확한가?	20	16	12		
회로설명	• 회로 동작을 적절하게 설명하였는가?	20	16	12		
작업 안전 수칙	• 실습실 안전 수칙을 잘 준수하였는가?	5	4	3		
	• 마무리 정리 정돈을 잘 하였는가?	5	4	3		
	※ 지적 항목에 따라 0점 처리할 수 있음				합	

평가 (구분 열 좌측)

마무리	1. 결과물을 제출한다. 2. 실습 장소를 깨끗이 정리 정돈하고 청소를 실시한다. 3. 위험 요소가 남아 있지 않은지 최종적으로 확인한다.

4 ─● 순서 논리 회로

4-1 순서 논리 회로 특징

　순서 논리 회로는 이전의 출력 상태에 관계없이 현재의 입력 상태에 따라 출력이 결정되는 조합 논리 회로와 달리, 현재의 입력값과 이전이 출력 상태에 따라 출력이 결정되는 논리 회로이다.

　순서 논리 회로는 조합 논리 회로를 기본으로 기억 소자가 추가로 구성된 논리 회로이다. 순서 논리 회로에서 기억 소자의 출력은 조합 논리 회로의 입력에 연결되어 과거의 기억 상태를 현재의 상태와 조합하여 순서대로 출력시키는 형태의 논리 회로이다. 순서 논리 회로(Sequential Logic Circuit)는 현재의 입력뿐 만 아니라 회로의 현재 상태에 의해서 출력이 결정되는 회로로서, 조합 논리 회로에 되먹임(feedback, 피드백) 요소가 있는 기억 소자로 현재의 입력과 과거의 입력들에 의해 순서 논리 회로의 출력이 결정되도록 하는데, 여기에는 시간적인 요소가 명시되어야 한다.

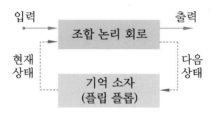

4-2 플립플롭이란

　순서 논리 회로에서 기억 소자라고 하는 것은 플립플롭(flip-flop) 회로를 의미하는데, 여기에는 피드백(feedback) 기능을 가지고 있다. 과거의 상태를 기억하는 기능이 있어서 현재의 상태와 과거 상태의 조합에 의해 출력이 결정되는 특징을 가지고 있는 회로로서, RS 래치(플립플롭), JK 플립플롭, D 플립플롭, T 플립플롭이 있다.

(1) RS 래치(플립플롭)

　래치(latch) 회로는 입력에 의해 출력이 결정되지만, 플립플롭(flip-flop)은 입력이 변해도 클록이 변하지 않으면 출력도 변하지 않고, 클록이 있을 때에만 동작하는 회로를 RS 플립플롭이라고 한다.

① RS 래치

RS 래치는 2개의 입력 S(Set)와 R(Reset), 2개의 출력 Q와 $\overline{Q}$(Q의 부정-보수라고 칭하기도 함)으로 구성되어 있다. RS 래치 회로의 블록도와 특징은 다음과 같다.

동작 상태	동작 원리	RS 래치 회로
① 입력 R=0, S=0	■ 현재의 출력 상태가 Q =0, $\overline{Q}$ =1인 경우 • Q =0, S=0이 G2에 입력되면, 출력 $\overline{Q}$ =1이 된다. • $\overline{Q}$ =1, R=0이 G1에 입력되면, 출력 Q =0이 된다. ※ Q =0, $\overline{Q}$ =1인 상태에서 R=0과 S=0이 입력되면 출력은 Q =0, $\overline{Q}$ =1이므로 현재 상태를 유지한다.	
② 입력 R=0, S=1	■ 현재의 출력 상태가 Q =1, $\overline{Q}$ =0인 경우 • Q =1, S=0이 G2에 입력되면, 출력 $\overline{Q}$ =0이 된다. • $\overline{Q}$ =0, R=0이 G1에 입력되면, 출력 Q =1이 된다. ※ Q =1, $\overline{Q}$ =0인 상태에서 R=0과 S=0이 입력되면 출력은 Q =1, $\overline{Q}$ =0이므로 현재 상태를 유지한다.	
③ 입력 R=1, S=0	• 입력 R=1이고 S=0이면, G1의 출력은 또 다른 입력인 $\overline{Q}$의 상태에 관계없이 0이 되어서 Q=0이 된다. • G2의 입력은 모두 0이므로 G2의 출력 $\overline{Q}$ =1이 된다. ※ 입력 R=1과 S=0이 입력되면, Q의 이전 상태에 관계없이 반드시 출력은 Q=0, $\overline{Q}$ =1이 된다.	
④ 입력 R=0, S=1	• 입력 R=0이고 S=1이면, G2의 출력은 또 다른 입력인 Q의 상태에 관계없이 0이 되어서 $\overline{Q}$ =0이 된다. • G1의 입력은 모두 0이므로 G1의 출력 Q=1이 된다. ※ 입력 R=0과 S=1이 입력되면, Q의 상태에 관계없이 출력은 반드시 Q =1, $\overline{Q}$ =0이 된다.	
⑤ 입력 R=1, S=1	• 입력 R=1이고 S=1이면, G1과 G2의 출력은 또 다른 입력에 무관하게 모두 0이 되어 Q =0, $\overline{Q}$ = 0이 된다. ※ G1과 G2의 출력 Q =0, $\overline{Q}$ =0이 되어 서로 보수의 상태가 아닌 부정 상태가 되어 정상적으로 동작하지 못하므로 S와 R에 동시에 1이 입력되는 것은 금지되어야 한다.	
참 NAND 게이트 래치 회로는 $\overline{R}\,\overline{S}$ =11인 경우 $\overline{R}$→0, $\overline{S}$→0으로 변할 때 출력 Q가 세트(1), 리셋(0)으로 변한다.		

NOR 게이트 래치 회로 동작 개요

- NOR 게이트는 어떤 입력이 하나라도 '1'이면 출력이 '0'이고, 모든 입력이 '0'일 때에만 출력이 '1'이다

- 래치 회로는 두 개의 입력과 두 개의 출력으로 이루어짐

- 입력은 R(리셋 : reset)과 S(세트 : set)로 구성되어 있으며, 출력은 서로 반대의 값을 가지는 Q와 $\overline{Q}$로 이루어져 있음

NOR 게이트를 이용한 RS 래치 회로 진리표

R	S	NOR
0	0	불변
0	1	1
1	0	0
1	1	금지

② 클록형 RS 플립플롭

RS 래치에 클록 펄스의 변화가 있을 때에만 동작하는 것을 클록형 RS 플립플롭이라고 한다.

㈎ 클록형 RS 플립플롭의 개념

- 클록형 RS 래치는 RS 래치에 클록 펄스 입력을 추가하여 클록 펄스(CP)의 변화에 따라 출력이 변하는 회로이다.

- 다음 회로는 클록형 RS 래치 회로에 입력 R, S와 클록 펄스를 각각 AND 게이트로 결합한 구조이다.

㈏ 클록형 RS 플립플롭의 진리표 및 동작 설명

RS 플립플롭 진리표				동작 설명
Q(t)	S	R	Q(t+1)	설명
0	0	0	0(불변)	b(하강)에서 S=0, R=0이므로 이전 상태 유지(Q=0)
0	0	1	0	f(하강)에서 S=0, R=1이므로 Q=0
0	1	0	1	h(하강)에서 S=1, R=0이므로 Q=1
0	1	1	금지	S=1, R=1에서는 금지

□ 클록 신호가 발생하였을 때에만 입력 신호가 반영되어 출력이 변할 수 있으며, 클록 신호가 발생하지 않았을 때는 모든 입력은 무시된다.

Q(t)	S	R	Q(t+1)	설명
1	0	0	1(불변)	※ 이전 상태가 Q=1이므로 1의 상태가 변하지 않은 상태
1	0	1	0	e(상승)에서 S=0, R=1이므로 Q=0
1	1	0	1	f(하강)에서 S=1, R=0이므로 Q=1
1	1	1	금지	S=1, R=1에서는 금지

※ 파형의 전후를 비추어 보아 처음 발생하는 파형이 상승 파형, 그 다음에 발생하는 파형이 하강 파형이다.

(다) 클록형 RS 플립플롭의 카르노도 및 논리식

RS 플립플롭 카르노도					논리식

Q \ SR	00	01	11	10
0			X	1
1	1		X	1

• $Q(t-1) = S + \overline{R}\,Q$
• $RS = 0$

(라) 클록형 RS 플립플롭 회로도 및 동작 파형

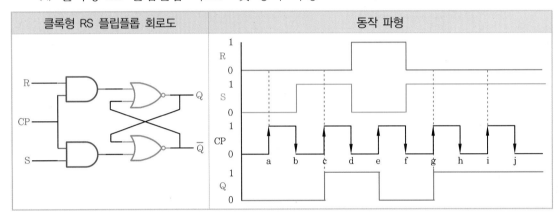

클록형 RS 플립플롭 회로도	동작 파형

(2) JK 플립플롭

JK 플립플롭은 RS 플립플롭의 사용 금지 조건을 없애기 위한 기능을 보완한 플립플롭이다. 모든 입력의 조합에 대하여 출력이 정의되는 플립플롭으로 개선한 것이 JK 플립플롭이다.

① JK 플립플롭의 개념

JK 플립플롭의 동작은 RS 래치와 유사하다. 입력 J와 K는 입력 S와 R처럼 플립플롭으로 세트시키고 리셋시킨다. J와 K가 동시에 1이고 클록 펄스가 발생하면 출력이 과거 상태의 보수를 취하는 것이 RS 래치와 다른 점이다.

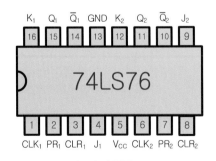

JK 플립플롭 IC

표준 TTL IC 중 74LS76(2입력) IC를 사용하여 JK 플립플롭을 구현할 수 있다. 74LS76(2입력) IC에는 JK 플립플롭 회로가 2개 들어가 있으며, 부품 스펙에 있는 바와 같이 1그룹과 2그룹을 구분하여 사용하면 어렵지 않게 원하는 회로를 구현할 수 있다. 이 IC는 다음에 소개하는 T 플립플롭 및 D 플립플롭 회로에는 별도로 제공되지 않기 때문에 JK 플립플롭 IC인 74LS76(2입력) IC로 구현할 수 있다.

② JK 플립플롭의 진리표 및 동작 설명

JK 플립플롭 진리표				동작 설명
Q(t)	J	K	Q(t+1)	설명(Q(t+1)는 Q(t)가 반전된 값이 출력됨)
0(↓)	0	0	0(불변)	Q(t)가 변화지 않으면 Q(t+1)도 변하지 않은 상태(불변)
0(↓)	0	1	0	Q(t)가 0일 때 Q(t+1)의 값이 0인 상태
0(↓)	1	0	1	J와 K가 0인 경우 Q(t)가 0이면 Q(t+1)의 값이 1인 상태
0(↓)	1	1	1(반전)	J와 K가 0인 경우 Q(t)가 0이면 Q(t+1)의 값이 1인 상태
1(↑)	0	0	1(불변)	Q(t)가 변하여도 Q(t+1)는 변하지 않는 상태(불변)
1(↑)	0	1	0	Q(t)가 1일 때도 Q(t+1)의 값이 0인 상태
1(↑)	1	0	1	J와 K가 0인 경우 Q(t)가 0이면 Q(t+1)의 값이 1인 상태
1(↑)	1	1	0(반전)	J와 K가 0인 경우 Q(t)가 0이면 Q(t+1)의 값이 0인 상태

③ JK 플립플롭의 카르노도 및 논리식

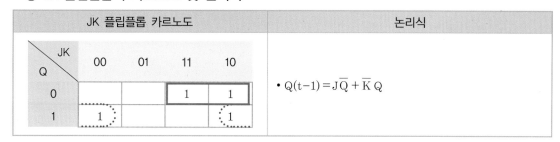

JK 플립플롭 카르노도

	JK			
Q	00	01	11	10
0			1	1
1	1			1

논리식

• $Q(t-1) = J\overline{Q} + \overline{K}\,Q$

④ JK 플립플롭 회로도 및 동작 파형

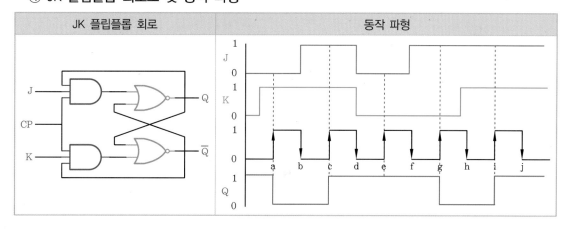

JK 플립플롭 회로 / 동작 파형

(3) T 플립플롭

T 플립플롭은 클록 펄스가 발생할 때에만, 이전 상태의 값을 반전(toggle)시켜 출력하는 기능을 가진 플립플롭이다.

① T 플립플롭의 개념

T(Toggle) 플립플롭은 JK 플립플롭의 J와 K 입력을 묶어서 1개의 입력 형태로 변경한 회로이다.

표준 TTL IC 중 74LS76(2입력) IC를 사용하여 JK 플립플롭을 이용하여 다음 IC의 J_1 단자와 K_1 단자 및 J_2 단자와 K_2 단자를 적절히 이용하여 T 플립플롭을 구현할 수 있다. T 플립플롭은 J 단자와 K 단자를 묶어서 연결하여 입력 단자로 이용하면 T 플립플롭이 구현된다.

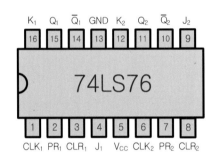

JK 플립플롭 IC

② T 플립플롭의 진리표 및 동작 설명

T 플립플롭 진리표			동작 설명
Q(t)	T	Q(t+1)	설명
0	0	0	T가 0일 경우에는 클록에 무관하게 현재 상태 유지
0	1	1	T가 1일 때 JK가 1과 같아 클록이 발생하지 않은 상태, 반전 1
1	0	1	T가 0일 경우에는 클록에 무관하게 현재 상태 유지
1	1	0	T가 1일 때 JK가 1과 같아 클록이 발생된 상태, 반전 0

③ T 플립플롭의 카르노도 및 논리식

T 플립플롭 카르노도	논리식
(카르노도)	• $Q(t-1) = T\overline{Q} + \overline{T}Q$ • 서로 대각선으로 배치되어 있어서 큐브를 묶을 수 없어 독립적으로 처리함

④ T 플립플롭 회로도 및 동작 파형

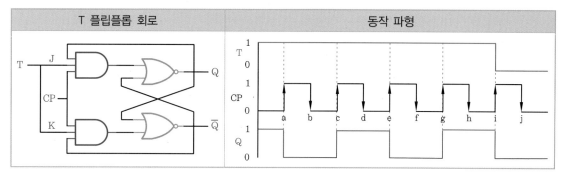

T 플립플롭 회로	동작 파형

(4) D 플립플롭

D 플립플롭은 JK 플립플롭에 NOT 게이트를 추가하여 구성한 회로이다. D 플립플롭 회로는 JK 플립플롭 회로의 입력은 항상 반전된 값이 입력되는 것이 특징이지만, 입력값 D 하나만 존재하는데 JK 입력에 NOT 게이트를 추가하여 J 입력과 K 입력은 서로 반전된 입력이 입력된다.

① D 플립플롭의 개념

D(Delay, 지연) 플립플롭은 D 입력이 0인 경우 클록 펄스가 발생하면 출력이 0이 되고, D 입력이 1에서 클록 펄스가 발생하면 출력이 1이 된다. 출력된 Q의 값은 다음 클록 펄스가 발생하기 전까지 현재 상태를 유지하고 있어서 입력 D를 지연시켜 출력시키는 특성을 지닌다.

표준 TTL IC 중 74LS76(2입력) IC를 사용하여 JK 플립플롭을 이용하여 다음 IC의 J_1 단자와 K_1 단자 및 J_2 단자와 K_2 단자를 적절히 재구성하여 D 플립플롭을 구현할 수 있다. D 플립플롭은 J 단자와 K 단자 사이에 NOT 게이트를 삽입한 형태이므로, 74LS04 IC의 NOT 게이트를 이용하여, 예를 들어 NOT 게이트 IC인 74LS04 IC의 1번 단자를 JK 플립플롭 IC인 74LS76(2입력) IC의 J_1 단자에 연결하고, 74LS04 IC의 2번 단자를 74LS76(2입력) IC의 K_1 단자에 연결하면 D 플립플롭을 구성할 수 있다. 이때, D 플립플롭의 D 입력 단자를 어떻게 구성할 것인지는 74LS04 IC와 74LS76(2입력) IC에 연결된 단자를 잘 선택하여 회로를 구성하기 바란다.

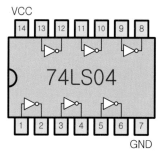

NOT 게이트 IC

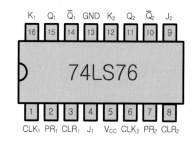

JK 플립플롭 IC

② D 플립플롭의 진리표 및 동작 설명

D 플립플롭 진리표			동작 설명
Q(t)	D	Q(t+1)	설명
0	0	0	입력 D가 0인 상태, 클록이 발생하지 않을 경우 출력 0
0	1	1	입력 D가 1인 상태, 클록이 발생하지 않아 출력은 1
1	0	0	입력 D가 0인 상태, 클록이 발생하여도 출력은 0
1	1	1	입력 D가 1인 상태, 클록이 발생하면 출력 1

③ D 플립플롭의 카르노도 및 논리식

D 플립플롭 카르노도	논리식
(카르노도)	• $Q(t-1) = D$

④ D 플립플롭 회로도 및 동작 파형

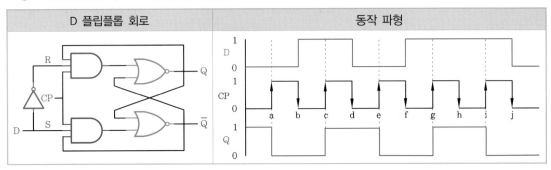

D 플립플롭 회로	동작 파형

4-3 ### 계수기(카운터)

계수기(counter)는 여러 개의 플립플롭의 조합으로 만들어진 특수한 순서 논리 회로로서, 클록 펄스가 하나씩 인가될 때마다 미리 정해진 순서대로 반복되는 논리 회로이다. 1개의 입력과 n개의 출력으로 되어 있는데, 이를 n비트 계수기라고 한다.

계수기에는 클록과 동기 방식에 따라 비동기식 계수기(asynchronous counter)와 동기식 계수기(synchronous counter)로 구분된다. 그리고 수를 세는 방식에 따라 상향 계수기(up counter)와 하향 계수기(down counter)로 구분된다.

(1) 비동기식 계수기

비동기 계수기는 주로 JK 플립플롭 또는 T 플립플롭을 사용하여 직렬로 연결되어 있다. 따라서 비동기 카운터는 첫 번째 플립플롭의 클록 펄스(clock pulse) 입력에만 클록 펄스가 입력되고, 다른 플립플롭은 각 플립플롭의 출력을 다음 플립플롭의 클록 펄스 입력으로 사용한다. 즉, 연속된 플립플롭 회로에서 앞에 있는 것의 출력이 다음 것의 입력으로 사용한다. 이처럼 이전 플립플롭의 출력이 다음 플립플롭에 물결처럼 영향을 준다는 의미에서 리플 계수기(ripple counter)라고 한다.

(2) 16진 비동기식 상향 계수기

상향 계수기는 계수기가 0인 상태에서 시작하여 1씩 증가함으로써 모든 플립플롭 회로가 1인 경우까지 계수할 수 있고, 그 상태에서 다시 펄스가 입력되면 모든 플립플롭 회로가 0이 되도록 하는 계수기이다.

① 16진 비동기식 상향 계수 상태도

10진수	Q_D ($2^3 = 8$)	Q_C ($2^2 = 4$)	Q_B ($2^2 = 2$)	Q_A ($2^0 = 1$)
⓪	(OFF)0	(OFF)0	(OFF)0	(OFF)0
①	(OFF)0	(OFF)0	(OFF)0	(ON)1
②	(OFF)0	(OFF)0	(ON)1	(OFF)0
③	(OFF)0	(OFF)0	(ON)1	(ON)1
④	(OFF)0	(ON)1	(OFF)0	(OFF)0
⑤	(OFF)0	(ON)1	(OFF)0	(ON)1
⑥	(OFF)0	(ON)1	(ON)1	(OFF)0
⑦	(OFF)0	(ON)1	(ON)1	(ON)1
⑧	(ON)1	(OFF)0	(OFF)0	(OFF)0
⑨	(ON)1	(OFF)0	(OFF)0	(ON)1
⑩	(ON)1	(OFF)0	(ON)1	(OFF)0
⑪	(ON)1	(OFF)0	(ON)1	(ON)1
⑫	(ON)1	(ON)1	(OFF)0	(OFF)0
⑬	(ON)1	(ON)1	(OFF)0	(ON)1
⑭	(ON)1	(ON)1	(ON)1	(OFF)0
⑮	(ON)1	(ON)1	(ON)1	(ON)1

이것은 플립플롭 4개를 사용한 16진($2^4 = 16$) 상향 계수기의 상태표이다. 계수기가 0인 상태에서 시작하여 1씩 증가하여 모든 플립플롭의 회로가 1인 경우까지 계수할 수 있고, 그 상태에서 다시 펄스가 입력되면 모든 플립플롭 회로가 0이 되도록 하는 2진 상향 계수기이다.

Q_A열은 1에 해당하는 자리로 최하위 비트(LSB : Least Significant Bit)라 하고, Q_D열은 8에 해당하는 자리로 최상위 비트(MSB : Most Significant Bit)라 한다.

② 16진 비동기식 상향 계수기 논리 회로도

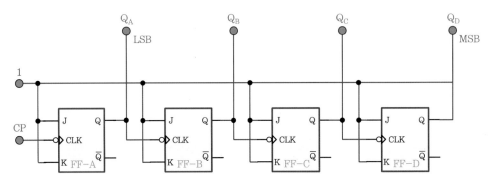

16진 비동기식 상향 계수기(하강 에지트리거 방식)

Q_A부터 Q_D까지 각 플립플롭은 2^3, 2^2, 2^1, 2^0(8421)의 자릿값을 가지게 되는데, 계수기의 출력 상태는 클록 펄스가 입력될 때마다 하강 에지에서 증가한다. 따라서 Q_A에서는 입력 클록 주파수의 1/2, Q_B에서는 1/4, Q_C에서는 1/8, Q_D에서는 1/16의 주파수를 갖는 구형파가 얻어진다.

③ 16진 비동기식 상향 계수기 파형도

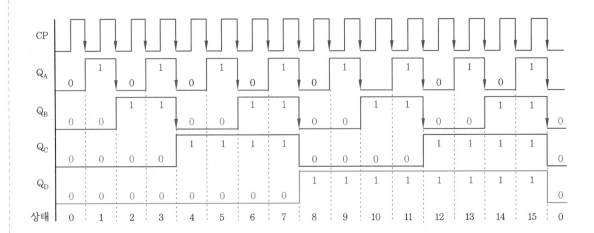

④ 16진 비동기식 상향 계수기 상태도

⓪ ➡ ① ➡ ② ➡ ③ ➡ ④ ➡ ⑤ ➡ ⑥ ➡ ⑦
⬆   ⬇
⑮ ⬅ ⑭ ⬅ ⑬ ⬅ ⑫ ⬅ ⑪ ⬅ ⑩ ⬅ ⑨ ⬅ ⑧

(3) 10진 비동기식 계수기

① 10진 비동기식 계수기 상태도

10 진수	Q_D ($2^3=8$)	Q_C ($2^2=4$)	Q_B ($2^2=2$)	Q_A ($2^0=1$)
⓪	(OFF)0	(OFF)0	(OFF)0	(OFF)0
①	(OFF)0	(OFF)0	(OFF)0	(ON)1
②	(OFF)0	(OFF)0	(ON)1	(OFF)0
③	(OFF)0	(OFF)0	(ON)1	(ON)1
④	(OFF)0	(ON)1	(OFF)0	(OFF)0
⑤	(OFF)0	(ON)1	(OFF)0	(ON)1
⑥	(OFF)0	(ON)1	(ON)1	(OFF)0
⑦	(OFF)0	(ON)1	(ON)1	(ON)1
⑧	(ON)1	(OFF)0	(OFF)0	(OFF)0
⑨	(ON)1	(OFF)0	(OFF)0	(ON)1

① 모든 JK 플립플롭의 입력 J와 K를 1에 연결한다.

② 첫 번째 플립플롭의 클록 입력을 외부 클록 신호(CP)와 연결한다.

③ 첫 번째 플립플롭의 출력 Q_A를 두 번째 플립플롭의 클록 입력에 연결한다.

④ 두 번째 플립플롭의 출력 Q_B를 세 번째 플립플롭의 클록 입력에 연결한다.

⑤ 세 번째 플립플롭의 출력 Q_C를 네 번째 플립플롭의 클록 입력에 연결한다.

⑥ 계수기를 리셋시킬 계수값을 선정한 다음, 게이트 소자를 선택한다. 여기에서는 1010(8421값)(출력 단자로 Q_D, Q_C, Q_B, Q_A)이므로 NAND 게이트 사용하여 출력을 모든 플립플롭의 클리어 입력($\overline{CLR}$)에 연결한다.

⑦ 플립플롭 출력 단자로부터 출력된 값을 조합하면 비동기식 10진 계수가 된다.

② 10진 비동기식 상향 계수기 논리 회로도

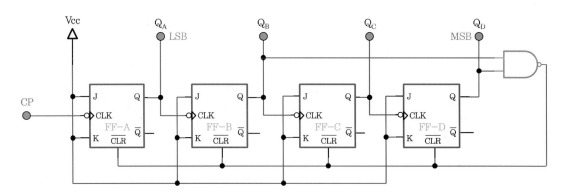

③ 10진 비동기식 상향 계수기 파형도

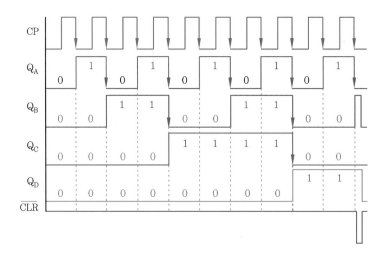

④ 10진 비동기식 상향 계수기 상태도

$0 \rightarrow 1 \rightarrow 2 \rightarrow 3 \rightarrow 4$

$9 \leftarrow 8 \leftarrow 7 \leftarrow 6 \leftarrow 5$

동기식 계수기

　동기식 계수기는 하나의 공통된 시간 펄스에 의해서 플립플롭들이 트리거되어 모든 플립플롭의 상태가 동시에 변하기 때문에 병렬 계수기(parallel counter)라고도 한다.

　동기식 계수기는 비동기식 계수기보다 계수 속도가 빨라 보다 높은 주파수까지도 계수할 수 있어서 해독기를 사용할 때에 펄스의 일그러짐이 적다.

　동기식 계수기는 앞 단까지 접속되어 있는 플립플롭의 출력 상태가 모두 '1'일 때 AND 게이트를 통해 JK에 1이 입력되어 클록이 발생하면 반전되게 구성한다.

(1) 16진 동기식 상향 계수기

① 16진 동기식 상향 계수 상태도

10 진수	Q_D $(2^3=8)$	Q_C $(2^2=4)$	Q_B $(2^2=2)$	Q_A $(2^0=1)$
⓪	(OFF)0	(OFF)0	(OFF)0	(OFF)0
①	(OFF)0	(OFF)0	(OFF)0	(ON)1
②	(OFF)0	(OFF)0	(ON)1	(OFF)0
③	(OFF)0	(OFF)0	(ON)1	(ON)1
④	(OFF)0	(ON)1	(OFF)0	(OFF)0
⑤	(OFF)0	(ON)1	(OFF)0	(ON)1
⑥	(OFF)0	(ON)1	(ON)1	(OFF)0
⑦	(OFF)0	(ON)1	(ON)1	(ON)1
⑧	(ON)1	(OFF)0	(OFF)0	(OFF)0
⑨	(ON)1	(OFF)0	(OFF)0	(ON)1
⑩	(ON)1	(OFF)0	(ON)1	(OFF)0
⑪	(ON)1	(OFF)0	(ON)1	(ON)1
⑫	(ON)1	(ON)1	(OFF)0	(OFF)0
⑬	(ON)1	(ON)1	(OFF)0	(ON)1
⑭	(ON)1	(ON)1	(ON)1	(OFF)0
⑮	(ON)1	(ON)1	(ON)1	(ON)1

　이 상태도는 모든 플립플롭이 0인 상태에서 시작하며, 첫번째 펄스가 입력되면 플립플롭 Q_A만 1이 되므로 0001과 같다.

　두 번째 펄스가 입력되면 Q_A는 0으로 반전되지만, 같은 시간에 Q_A의 출력에 있던 1이 J와 K에 모두 입력되어 Q_B가 1로 반전되어 결과는 0010과 같다.

세 번째 펄스가 입력되면 Q_A와 Q_B가 모두 1이므로 AND 게이트의 출력이 '1'이 되어 세 번째 플립플롭의 출력 Q_C가 1로 반전되도록 하고, Q_A와 Q_B는 0으로 반전되어 결과는 0100과 같다.

이와 같은 과정을 반복하여 여덟 번째 펄스가 입력되면 출력 Q_A, Q_B, Q_C가 모두 1인 상태에서의 입력이므로 네 번째 플립플롭 앞의 AND 게이트 출력이 '1'이 되어 Q_D를 반전시켜서 결과가 1000인 상태로 만들게 된다.

② 16진 동기식 상향 계수기 논리 회로도

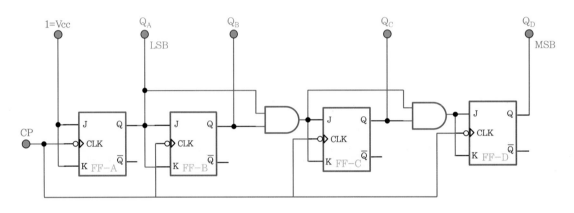

③ 16진 동기식 상향 계수기 파형도

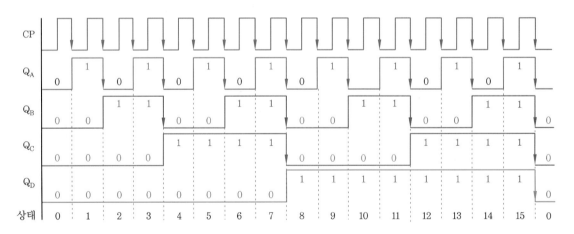

④ 16진 동기식 상향 계수기 상태도

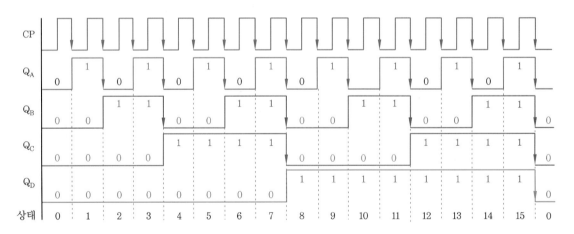

(2) 16진 동기식 하향 계수기

2진 동기식 하향 계수기는 계수기가 기억할 수 있는 최댓값인 플립플롭 전체가 1을 기억한 후 펄스 하나씩 입력될 때마다 기억된 내용이 1씩 감소되는 계수기를 2진 하향 계수기(binary down counter) 또는 감산 계수기라 한다.

① 16진 동기식 하향 계수 상태표

10 진수	Q_D ($2^3=8$)	Q_C ($2^2=4$)	Q_B ($2^2=2$)	Q_A ($2^0=1$)
⑮	(ON)1	(ON)1	(ON)1	(ON)1
⑭	(ON)1	(ON)1	(ON)1	(OFF)0
⑬	(ON)1	(ON)1	(OFF)0	(ON)1
⑫	(ON)1	(ON)1	(OFF)0	(OFF)0
⑪	(ON)1	(OFF)0	(ON)1	(ON)1
⑩	(ON)1	(OFF)0	(ON)1	(OFF)0
⑨	(ON)1	(OFF)0	(OFF)0	(ON)1
⑧	(ON)1	(OFF)0	(OFF)0	(OFF)0
⑦	(OFF)0	(ON)1	(ON)1	(ON)1
⑥	(OFF)0	(ON)1	(ON)1	(OFF)0
⑤	(OFF)0	(ON)1	(OFF)0	(ON)1
④	(OFF)0	(ON)1	(OFF)0	(OFF)0
③	(OFF)0	(OFF)0	(ON)1	(ON)1
②	(OFF)0	(OFF)0	(ON)1	(OFF)0
①	(OFF)0	(OFF)0	(OFF)0	(ON)1
⓪	(OFF)0	(OFF)0	(OFF)0	(OFF)0

이 상태도는 플립플롭 회로 네 개를 연결하여 4단으로 된 하향 계수기의 상태표이다. 네 개의 플립플롭이 모두 1인 1111 상태에서 시작하여 펄스가 하나씩 입력될 때마다 1110, 1101, ……, 0000의 순으로 하나씩 뺄셈을 수행하는 것과 같은 결과가 된다.

② 16진 동기식 하향 계수기 논리 회로도

하향 계수기를 T 플립플롭으로 구성할 수 있지만, JK 플립플롭의 입력 J와 K를 1 상태로 고정시켜 놓고 시간 펄스를 입력시키면, T 플립플롭과 같은 동작을 하므로 JK 플립플롭 회로를 사용하여 구성할 수 있다. 네 개의 JK 플립플롭 회로를 사용하여 구성한 16진 동기식 하향 계수기이다.

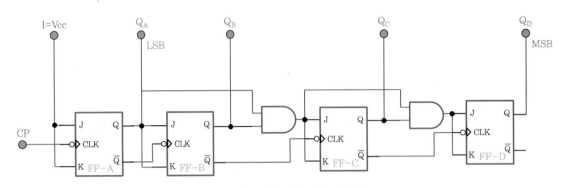

16진 동기식 하향 계수기 논리 회로도

③ 16진 동기식 하향 계수기 파형도

16진 동기식 하향 계수기는 네 개의 플립플롭 회로에 모두 1이 기억된 상태에서 시간 펄스가 입력될 때마다 1씩 감소되며, 15개의 펄스가 입력되면 0000의 상태로 되고, 16번째에는 1111이 되어 새로운 계수 주기를 맞게 된다. 이 회로의 A, B, C, D단에 대한 파형도는 다음과 같다.

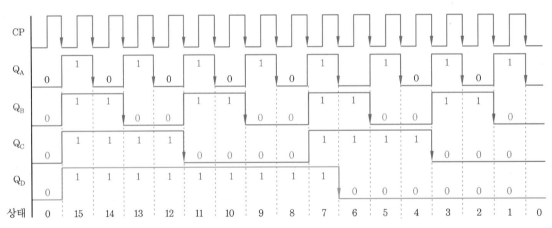

16진 동기식 하향 계수기의 입·출력 파형

④ 16진 동기식 하향 계수기 상태도

⑮ ➡ ⑭ ➡ ⑬ ➡ ⑫ ➡ ⑪ ➡ ⑩ ➡ ⑨ ➡ ⑧

⓪ ⬅ ① ⬅ ② ⬅ ③ ⬅ ④ ⬅ ⑤ ⬅ ⑥ ⬅ ⑦

>>> 순서 논리 회로 실습 과제

❖ 실습 1

작품명		RS 래치 회로				
실습 목표	RS 래치 회로를 제작하고 원리를 설명할 수 있다.					
작업 부품	명칭	규격	수량	명칭	규격	수량
	IC	74LS00	1	저항	330Ω	2
	IC 소켓	14핀	1	저항	10kΩ	2
	다이오드	1N4001	2	저항	1kΩ	2
	LED	적색/황색-5φ	각 1	업/다운 SW	3P	2
작업 기기	명칭	규격	수량	명칭	규격	수량
	직류 전원 장치	1A, 0~30V	1	브레드 보드	일반형(본 교재)	1
	회로 시험기	VOM	1	만능 기판	28×62 기판	1
작업 회로						
작업용 기판						

작업 요구 사항	1. RS 래치 회로를 제작하시오. 2. 작품 제작 시 Vcc와 GND 처리를 반드시 하시오. 3. 입력 스위치의 동작에 따라 출력 상태를 ON(1) 또는 OFF(0)로 표시하시오.

입력		출력	
S	**R**	**Q** LED1	**Q̄** LED2
0(OFF)	0(OFF)		
0(OFF)	1(ON)		
1(ON)	0(OFF)		
1(ON)	1(ON)		

Q1. 옆의 진리표를 간단히 설명하시오.

회로 동작 설명	※ 위의 진리표를 보고 회로 동작을 설명하시오.

● 작품과 실습 지시서를 반드시 제출하고 점검받기 바랍니다.

구분	평가 요소	평가 결과			득점	
		상	중	하		
회로도 이해	● 회로를 정상적으로 동작시켰는가?	30	24	18		
	● 회로 제작에 관한 완성도 및 순위는?	20	16	12		
측정 평가	● 요구 사항에 적절하게 응답하였는가?	20	16	12		
	● 진리표 및 회로 동작 설명이 적절한가?	20	16	12		
작업 평가	● 실습실 안전 수칙을 잘 준수하였는가?	5	4	3		
	● 마무리 정리 정돈을 잘 하였는가?	5	4	3		

평가

마무리	1. 결과물을 제출한다. 2. 실습 장소를 깨끗이 정리 정돈하고 청소를 실시한다. 3. 위험 요소가 남아 있지 않은지 최종적으로 확인한다.

❖ 실습 2

작품명			JK 플립플롭 회로		
실습 목표	JK 플립플롭 회로를 제작하고 원리를 설명할 수 있다.				

	명칭	규격	수량	명칭	규격	수량
작업 부품	IC	74LS15	1	저항	330Ω	2
	IC	74LS02	1	저항	10kΩ	2
	IC 소켓	14핀	2	저항	4.7kΩ	3
	다이오드	1N4001	2	업/다운 SW	3P	3
	LED	적색/황색−5φ	각 1			

	명칭	규격	수량	명칭	규격	수량
작업 기기	직류 전원 장치	1A, 0~30V	1	브레드 보드	일반형(본 교재)	1
	회로 시험기	VOM	1	만능 기판	28×62 기판	1

작업 회로

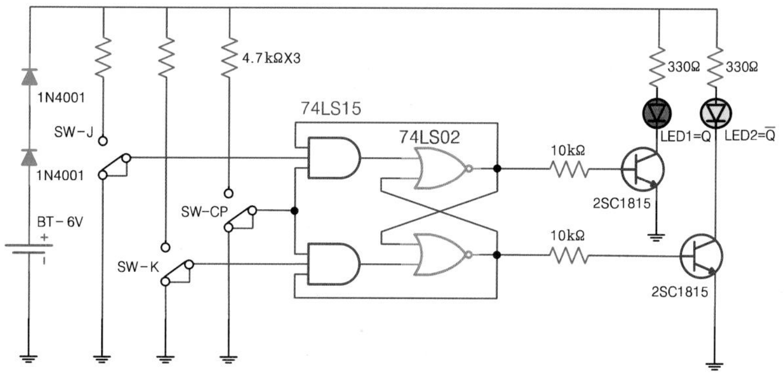

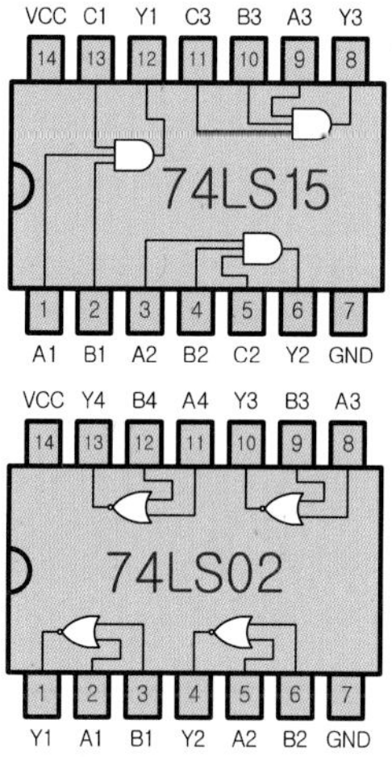

작업용 기판

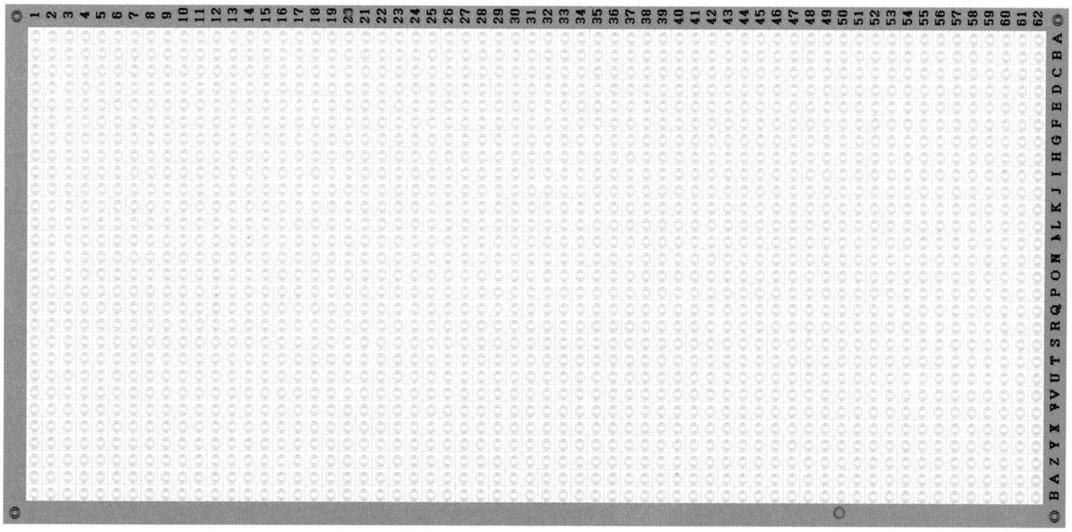

작업 요구 사항 · ① 진리표	1. JK 플립플롭 회로를 제작하시오. 2. 작품 제작 시 Vcc와 GND 처리를 반드시 하시오. 3. 입력 스위치의 동작에 따라 출력 상태를 ON(1) 또는 OFF(0)로 표시하시오.					

J	K	CP(t)	Q(t+1)	
			LED1	LED2
0	0	0(↓)		
0	1	0(↓)		
1	0	0(↓)		
1	1	0(↓)		
0	0	1(↑)		
0	1	1(↑)		
1	0	1(↑)		
1	1	1(↑)		

Q. 옆의 진리표를 간단히 설명하시오.

---

② 회로 동작 설명

※ 위의 진리표를 보고 회로 동작을 설명하시오.

평가

• 작품과 실습 지시서를 반드시 제출하고 점검받기 바랍니다.

구분	평가 요소	평가 결과			득점
		상	중	하	
회로도 이해	• 회로를 정상적으로 동작시켰는가?	30	24	18	
	• 회로 제작에 관한 완성도 및 순위는?	20	16	12	
요구 사항	• 진리표를 적절하게 작성하였는가?	20	16	12	
	• 회로의 동작 설명이 적절한가?	20	16	12	
작업 안전 수칙	• 실습실 안전 수칙을 잘 준수하였는가?	5	4	3	
	• 마무리 정리 정돈을 잘 하였는가?	5	4	3	
	※ 지적 항목에 따라 0점 처리할 수 있음			합	

마무리

1. 결과물을 제출한다.
2. 실습 장소를 깨끗이 정리 정돈하고 청소를 실시한다.
3. 위험 요소가 남아 있지 않은지 최종적으로 확인한다.

❖ 실습 3

작품명			T 플립플롭 회로		
실습 목표	T 플립플롭 회로를 제작하고 원리를 설명할 수 있다.				
작업 부품	명칭	규격	수량	명칭	규격	수량
	IC	74LS15	1	LED	적색/황색−5ϕ	각 1
	IC	74LS02	1	저항	330Ω	2
	IC 소켓	14핀	2	저항	1kΩ	2
	다이오드	1N4001	2	저항	10kΩ	2
	업/다운 SW	3P	2			
작업 기기	명칭	규격	수량	명칭	규격	수량
	직류 전원 장치	1A, 0~30V	1	브레드 보드	일반형(본 교재)	1
	회로 시험기	VOM	1	만능 기판	28×62 기판	1

작업 회로

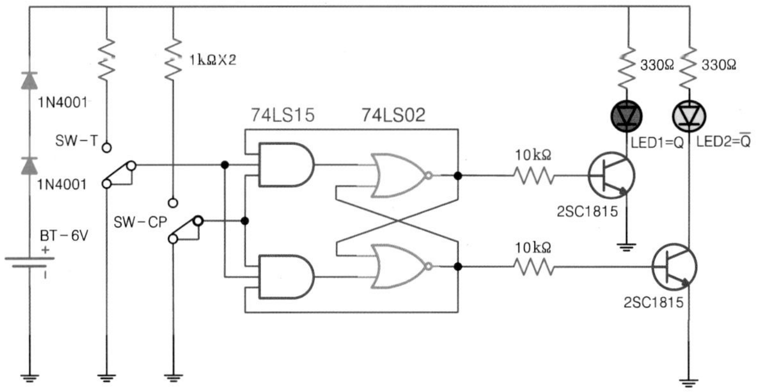

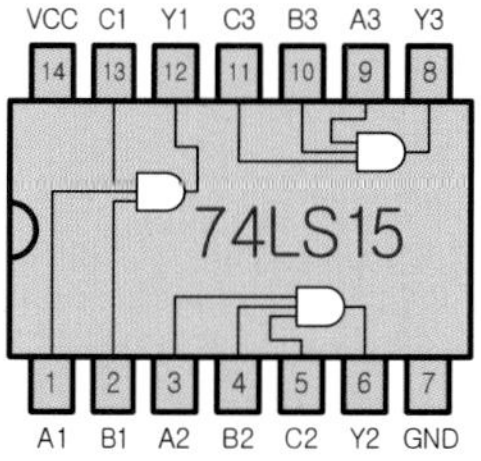

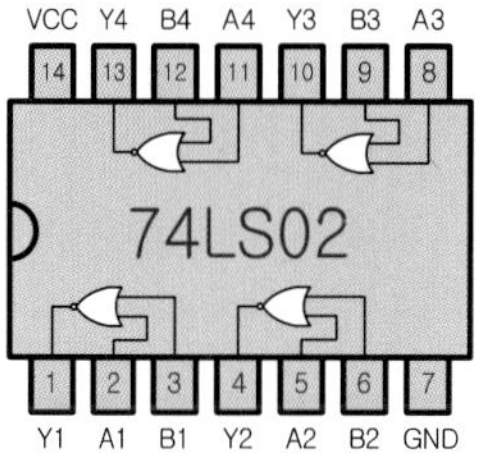

작업 회로

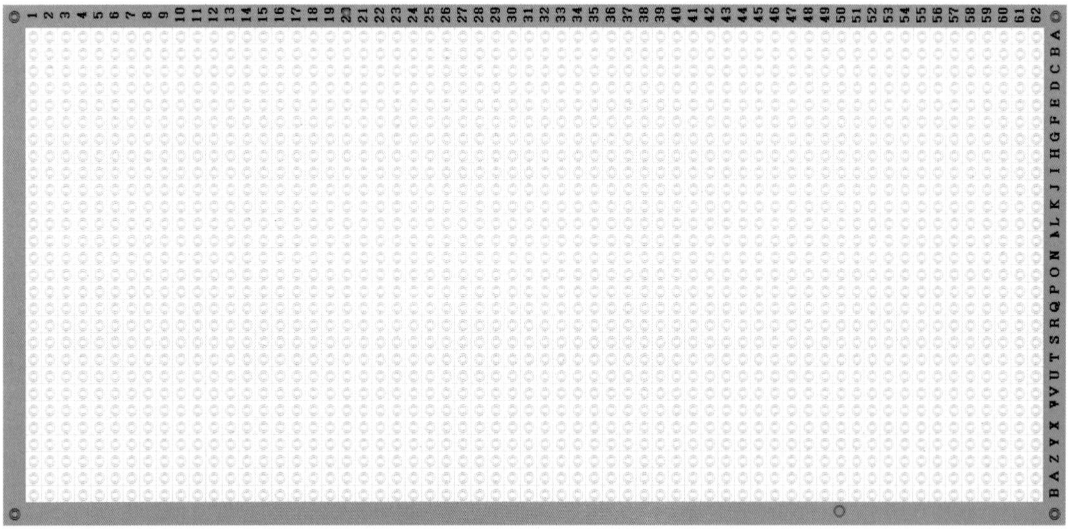

작업 요구 사항 · ① 진리표	1. T 플립플롭 회로를 제작하시오. 2. 작품 제작 시 Vcc와 GND 처리를 반드시 하시오. 3. 입력 스위치의 동작에 따라 출력 상태를 ON(1) 또는 OFF(0)로 표시하시오.

Q. 옆의 진리표를 간단히 설명하시오.

T	CP	Q(t+1)	
		LED1	LED2
0	0		
1	0		
0	1		
1	1		

② 회로 동작 설명	※ 위의 진리표를 보고 회로 동작을 설명하시오.

● 작품과 실습 지시서를 반드시 제출하고 점검받기 바랍니다.

구분	평가 요소	평가 결과			득점
		상	중	하	
회로도 이해	● 회로를 정상적으로 동작시켰는가?	30	24	18	
	● 회로 제작에 관한 완성도 및 순위는?	20	16	12	
요구 사항	● 진리표를 적절하게 작성하였는가?	20	16	12	
	● 회로의 동작 설명이 적절한가?	20	16	12	
작업 안전 수칙	● 실습실 안전 수칙을 잘 준수하였는가?	5	4	3	
	● 마무리 정리 정돈을 잘 하였는가?	5	4	3	
	※ 지적 항목에 따라 0점 처리할 수 있음			합	

평가

마무리	1. 결과물을 제출한다. 2. 실습 장소를 깨끗이 정리 정돈하고 청소를 실시한다. 3. 위험 요소가 남아 있지 않은지 최종적으로 확인한다.

❖ 실습 4

작품명	D 플립플롭 회로				
실습 목표	D 플립플롭 회로를 제작하고 원리를 설명할 수 있다.				
작업 부품	명칭	규격	수량	명칭	규격	수량
	IC	74LS15	1	LED	적색/황색-5ϕ	각 1
	IC	74LS02	1	저항	330Ω	2
	IC	74LS04	1	저항	1kΩ	2
	IC 소켓	14핀	3	저항	10kΩ	2
	다이오드	1N4001	2	업/다운 SW	3P	2
작업 기기	명칭	규격	수량	명칭	규격	수량
	직류 전원 장치	1A, 0~30V	1	브레드 보드	일반형(본 교재)	1
	회로 시험기	VOM	1	만능 기판	28×62 기판	1
작업 회로					

작업용 기판	

**작업
요구
사항
·
① 진리표**

1. D 플립플롭 회로를 제작하시오.
2. 작품 제작 시 Vcc와 GND 처리를 반드시 하시오.
3. 입력 스위치의 동작에 따라 출력 상태를 ON(1) 또는 OFF(0)로 표시하시오.

D	CP	Q(t+1)	
		LED1	LED2
0	0		
1	0		
0	1		
1	1		

Q. 옆의 진리표를 간단히 설명하시오.

**②
회로
동작
설명**

※ 위의 진리표를 보고 회로 동작을 설명하시오.

평가	• 작품과 실습 지시서를 반드시 제출하고 점검받기 바랍니다.

구분	평가 요소	평가 결과			득점	
		상	중	하		
회로도 이해	• 회로를 정상적으로 동작시켰는가?	30	24	18		
	• 회로 제작에 관한 완성도 및 순위는?	20	16	12		
요구 사항	• 진리표를 적절하게 작성하였는가?	20	16	12		
	• 회로의 동작 설명이 적절한가?	20	16	12		
작업 안전 수칙	• 실습실 안전 수칙을 잘 준수하였는가?	5	4	3		
	• 마무리 정리 정돈을 잘 하였는가?	5	4	3		
	※ 지적 항목에 따라 0점 처리할 수 있음				합	

마무리	1. 결과물을 제출한다. 2. 실습 장소를 깨끗이 정리 정돈하고 청소를 실시한다. 3. 위험 요소가 없는지 확인한다.

비고	

❖ 실습 5

작품명		8진 업/다운 계수기			
실습목표	8진 업/다운 계수기를 제작하고 원리를 설명할 수 있다.				
작업부품	명칭	규격	수량	명칭	규격	수량

	명칭	규격	수량	명칭	규격	수량
작업부품	IC	NE555	1	저항	330Ω	1
	〃	74LS86/90	각 1	〃	1 kΩ	1
	〃	MC4511	1	〃	10 kΩ	1
	IC 소켓	16핀	1	〃	27 kΩ	1
	〃	8핀	1	반고정 저항	100 kΩ	1
	〃	14핀	2	다이오드	ZD5A(6V)	1
	TR	2SD234	1	전해 콘덴서	10 μF/16V	1
	FND	500(−공통형)	1	마일러 콘덴서	0.1 μF (104)	1
	업/다운 SW	3P(토글)	1			

	명칭	규격	수량	명칭	규격	수량
작업기기	직류 전원 장치	1A, 0~30V	1	디지털 트레이너	일반형	1
	회로 시험기	VOM	1	브레드보드	일반형(본교재)	1

작업회로

관련 IC (FND) 세부도	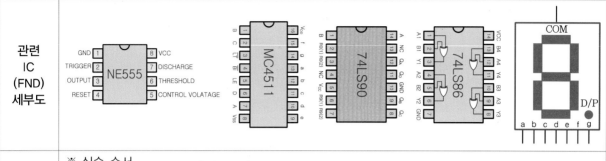
실습 순서	※ 실습 순서 • 위 회로를 지시에 따라 기판에 제작하시오. • 회로가 정상적으로 동작하지 않으면 회로를 수정하여 정상 동작시키시오.
회로 동작 설명	1. 8진 업/다운 계수기의 회로 동작을 설명하시오. 2. 오실로스코프를 연결하여 발진 파형을 그리고 다음 값을 기재하시오 TP–No3 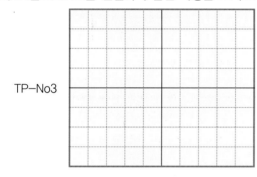 3. 8진 업/다운 계수기의 동작 원리를 간단히 설명하시오

NE555 IC No.3 단지 측정값

Volt/DIV : [V]	Time/DIV : [s]
주파수 :	[Hz]

평가		구분	평가 요소	평가 결과			득점	
				상	중	하		
		회로도 이해	• 정상적으로 동작시켰는가?	30	24	18		
			• 회로 제작에 관한 완성도 및 순위는?	10	8	6		
		작품 평가	• 부품 배치 상태는 적절한가?	20	16	12		
			• 배선 및 결선이 적절한가?	20	16	12		
		회로 설명	• 회로 동작을 적절하게 설명하였는가?	10	8	6		
		작업 안전 수칙	• 실습실 안전 수칙을 잘 준수하였는가?	5	4	3		
			• 마무리 정리 정돈을 잘 하였는가?	5	4	3		
			※ **지적 항목에 따라 0점 처리할 수 있음**					

• 작품과 실습 지시서를 반드시 제출하고 점검받기 바랍니다.

마무리	1. 결과물을 제출한다. 2. 실습 장소를 깨끗이 정리 정돈하고 청소를 실시한다. 3. 위험 요소가 남아 있지 않은지 최종적으로 확인한다.

FND 구조	구조 설명

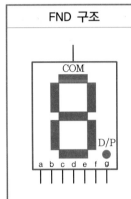	1. FND(7-SEGMENT)는 COM이 "-"접속 방식으로 FND500을 사용한다.
	※ FND의 다리(리드선)의 배열은 상당히 다양하여 일일이 열거하기 어려우므로 반드시 측정기를 가지고 단자를 찾기 바랍니다.
	■ 회로 설명
	  • NE555는 비안정 MV 회로로 발진주기 T=1.1RC(Sec)이고.
	  • SN7486은 Ex-OR 게이트를 이용하여 Up-Down 카운터가 되도록 한다.
	  • SW를 위로 올리면 7에서 0으로 다운 카운트를 하고,
	  • SW를 아래로 내리면 0에서 7로 업 카운터를 한다.
	  • 회로가 정상 동작이 되지 않으면 정상 동작이 되도록 수정하시오.

8진 업/다운 계수기 배치도

부품면	이 면을 보고 부품을 배치하시오. (점퍼선의 처리는 본 면에서 할 것)

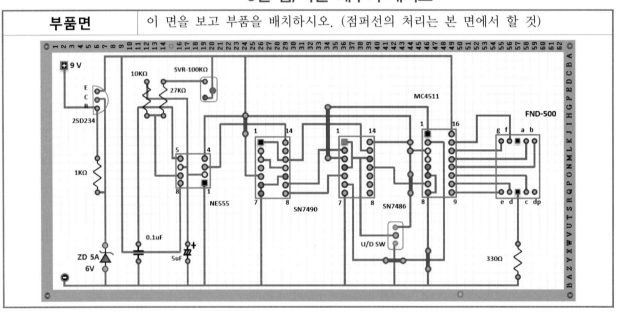

납땜면	이 면을 보고 납땜 및 배선 작업을 하시오.

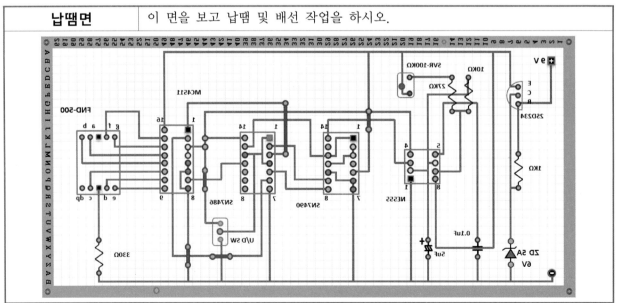

❖ 실습 6

작품명			99진 계수기		
실습 목표	99진 계수기를 제작하고 원리를 설명할 수 있다.				
	명칭	규격	수량	명칭	규격	수량
	IC	MC4511	1	저항	330 Ω	7
	IC	MC4518/4543	각 1	저항	150Ω/100 kΩ	각 1
	IC	NE555	1	저항	470 Ω/1 kΩ	각 1
작업 부품	IC 소켓	14핀 (FND고정용 포함)	3	저항	10 kΩ	1
	IC 소켓	16핀	3	반고정 저항	1 MΩ	1
	IC 소켓	8핀	1	다이오드	RD5A	1
	TR	2SC735(CS9013)	각 1	스위치	PB-SW(1P2T)	1
	FND	500(-공통형)	1	전해 콘덴서	1 μF/16V	1
	FND	507(+공통형)	1	마일러 콘덴서	0.047 μF (473)	2
작업 기기	명칭	규격	수량	명칭	규격	수량
	직류 전원 장치	1A, 0~30V	1	디지털 트레이너	일반형	1
	회로 시험기	VOM	1	브레드 보드	일반형(본 교재)	1
작업 회로						

관련 IC (FND) 세부도	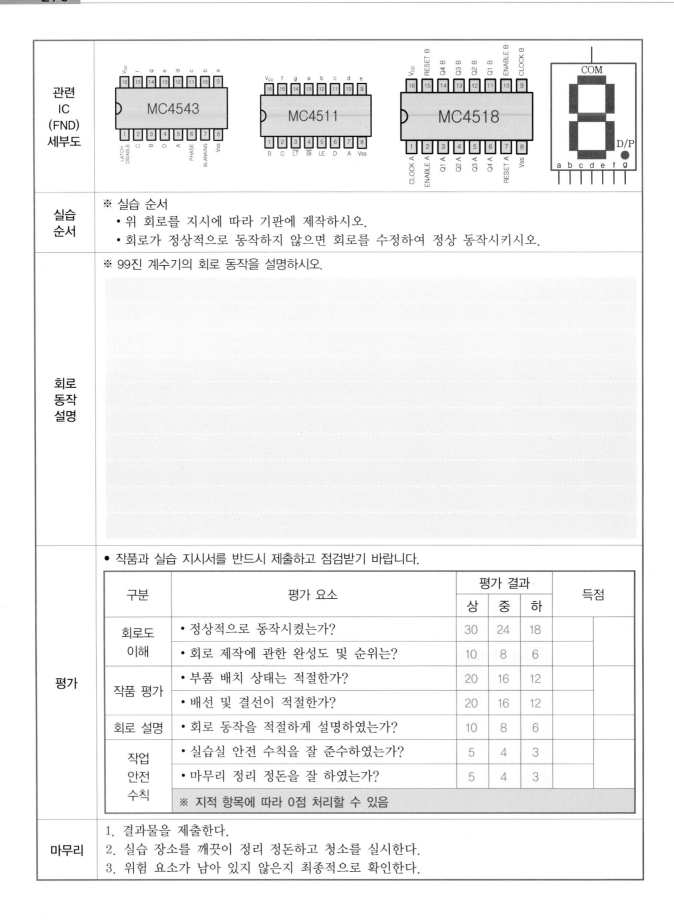
실습 순서	※ 실습 순서 • 위 회로를 지시에 따라 기판에 제작하시오. • 회로가 정상적으로 동작하지 않으면 회로를 수정하여 정상 동작시키시오.
회로 동작 설명	※ 99진 계수기의 회로 동작을 설명하시오.

• 작품과 실습 지시서를 반드시 제출하고 점검받기 바랍니다.

구분	평가 요소	평가 결과			득점
		상	중	하	
회로도 이해	• 정상적으로 동작시켰는가?	30	24	18	
	• 회로 제작에 관한 완성도 및 순위는?	10	8	6	
작품 평가	• 부품 배치 상태는 적절한가?	20	16	12	
	• 배선 및 결선이 적절한가?	20	16	12	
회로 설명	• 회로 동작을 적절하게 설명하였는가?	10	8	6	
작업 안전 수칙	• 실습실 안전 수칙을 잘 준수하였는가?	5	4	3	
	• 마무리 정리 정돈을 잘 하였는가?	5	4	3	
	※ 지적 항목에 따라 0점 처리할 수 있음				

평가 (구분 column)

마무리	1. 결과물을 제출한다. 2. 실습 장소를 깨끗이 정리 정돈하고 청소를 실시한다. 3. 위험 요소가 남아 있지 않은지 최종적으로 확인한다.

FND 구조	구조 설명
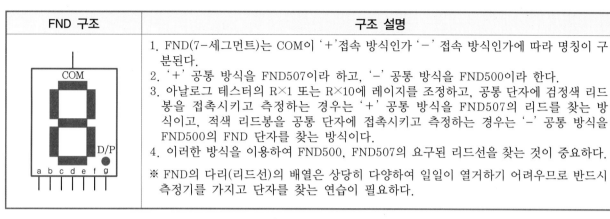	1. FND(7-세그먼트)는 COM이 '+'접속 방식인가 '−' 접속 방식인가에 따라 명칭이 구분된다. 2. '+' 공통 방식을 FND507이라 하고, '−' 공통 방식을 FND500이라 한다. 3. 아날로그 테스터의 R×1 또는 R×10에 레이지를 조정하고, 공통 단자에 검정색 리드봉을 접촉시키고 측정하는 경우는 '+' 공통 방식을 FND507의 리드를 찾는 방식이고, 적색 리드봉을 공통 단자에 접촉시키고 측정하는 경우는 '−' 공통 방식을 FND500의 FND 단자를 찾는 방식이다. 4. 이러한 방식을 이용하여 FND500, FND507의 요구된 리드선을 찾는 것이 중요하다. ※ FND의 다리(리드선)의 배열은 상당히 다양하여 일일이 열거하기 어려우므로 반드시 측정기를 가지고 단자를 찾는 연습이 필요하다.

99진 계수기 배치도

부품면	이 면을 보고 부품을 배치하시오. (점퍼선의 처리는 본 면에서 할 것)

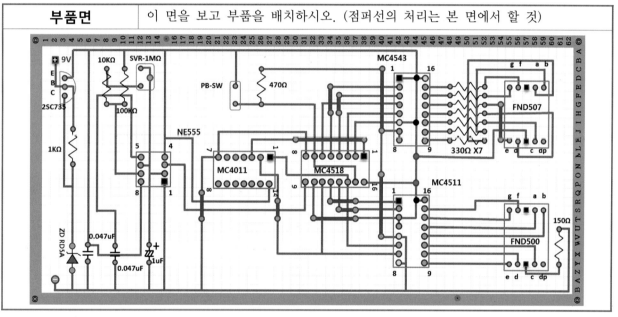

납땜면	이 면을 보고 납땜 및 배선 작업을 하시오.

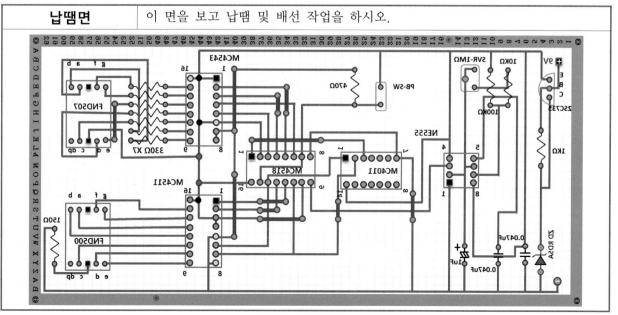

참고문헌

우상득 외 2인. 생생한 전자실기실습. 일진사, 2018.

오선호. 전기기초 실기/실습. 일진사, 2019.

양재면 외 2인. 공업계고등학교 전기 이론(교사용 지도서). 1985.

한국능력개발원. 고등학교 전자회로. 교육과학기술부. 2012.

한국능력개발원. 고등학교 전자회로. 교육과학기술부. 2002.

심원섭 외 1인. 공업계고등학교 전자공학(교사용 지도서). 1991.

김의곤. 전자회로 실기. 한국산업인력공단, 1994.

양계준 외 2인. 고등학교 전자 응용 실습. 1997.

김홍진 외 3명. 고등학교(전문) 전자계산기 구조. 교육부, 1998.

김우성. 디지털공학. 한국산업인력공단, 2007.

김동률. 디지털회로 실기. 한국산업인력공단, 1994.

안인수 외 2인. 고등학교 디지털논리회로. 교육과학기술부, 2012.

박상철. 디지털회로 실기. 한국산업인력공단, 2005.

전자 기초 실기/실습

2021년 3월 10일 인쇄
2021년 3월 15일 발행

저자 : 우상득 · 김충식
펴낸이 : 이정일

펴낸곳 : 도서출판 **일진사**
www.iljinsa.com

04317 서울시 용산구 효창원로 64길 6
대표전화 : 704-1616, 팩스 : 715-3536
등록번호 : 제1979-000009호(1979.4.2)

값 20,000원

ISBN : 978-89-429-1666-5